VOYAGE

DANS

L'INTÉRIEUR DE L'AFRIQUE.

VOYAGE

DE

F. LE VAILLANT,

DANS

L'INTÉRIEUR DE L'AFRIQUE,

PAR LE CAP DE BONNE-ESPÉRANCE:

nouvelle édition, revue, corrigée et considérablement augmentée par l'auteur;

ornée de *vingt* figures en taille-douce, dont *huit* n'avoient pas encore paru.

TOME SECOND.

DE L'IMPRIMERIE DE CRAPELET.

A PARIS,

CHEZ DESRAY, RUE HAUTEFEUILLE, N°. 36.

AN VI.

VOYAGE DANS L'INTÉRIEUR DE L'AFRIQUE.

CHAPITRE V.

Suite du Voyage à l'est du Cap, par la terre de Natal et celle de la Caffrerie.

Dans les trente-six heures que je venois de passer avec ces Gonaquois, j'avois eu le temps de faire des observations qui me devenoient utiles, particulièrement sur leur parler. J'avois remarqué qu'ils *clappent* la langue comme les autres Hottentots; j'expliquerai par la suite ce que c'est que ce *clappement*, et la manière dont ils le varient. Avec un idiome semblable, ils avoient cependant des finales que ni mes gens ni moi ne comprenions pas toujours.

Ils différoient des miens par la teinte de leur peau plus foncée, par leur nez moins camus, leur taille plus haute, mieux prononcée, en un mot, par un air et des formes plus nobles. Les portraits de Narina et du Gonaquois, fidèlement copiés, peuvent donner une idée de ces différences.

Lorsqu'ils abordent quelqu'un, ils présentent la main en disant *Tabé* (je vous salue); ce mot et cette cérémonie, qui sont aussi d'usage chez les Caffres, n'ont point lieu parmi les Hottentots proprement dits.

Cette affinité d'usages, de mœurs et même de conformation, le voisinage de la grande Caffrerie, et les éclaircissemens que j'ai reçus par la suite, m'ont convaincu que ces hordes de Gonaquois, qui tiennent également du Caffre et du Hottentot, ne peuvent être que le produit de ces deux nations qui se seront antérieurement croisées.

L'habillement des hommes Gonaquois, avec plus d'arrangement ou de symmétrie, a la même forme que celui des Hottentots; mais, comme ceux-là sont d'une stature plus élevée, ce n'est point avec des peaux de mouton, mais de veau, qu'ils se font des manteaux. Ils les nomment également kros;

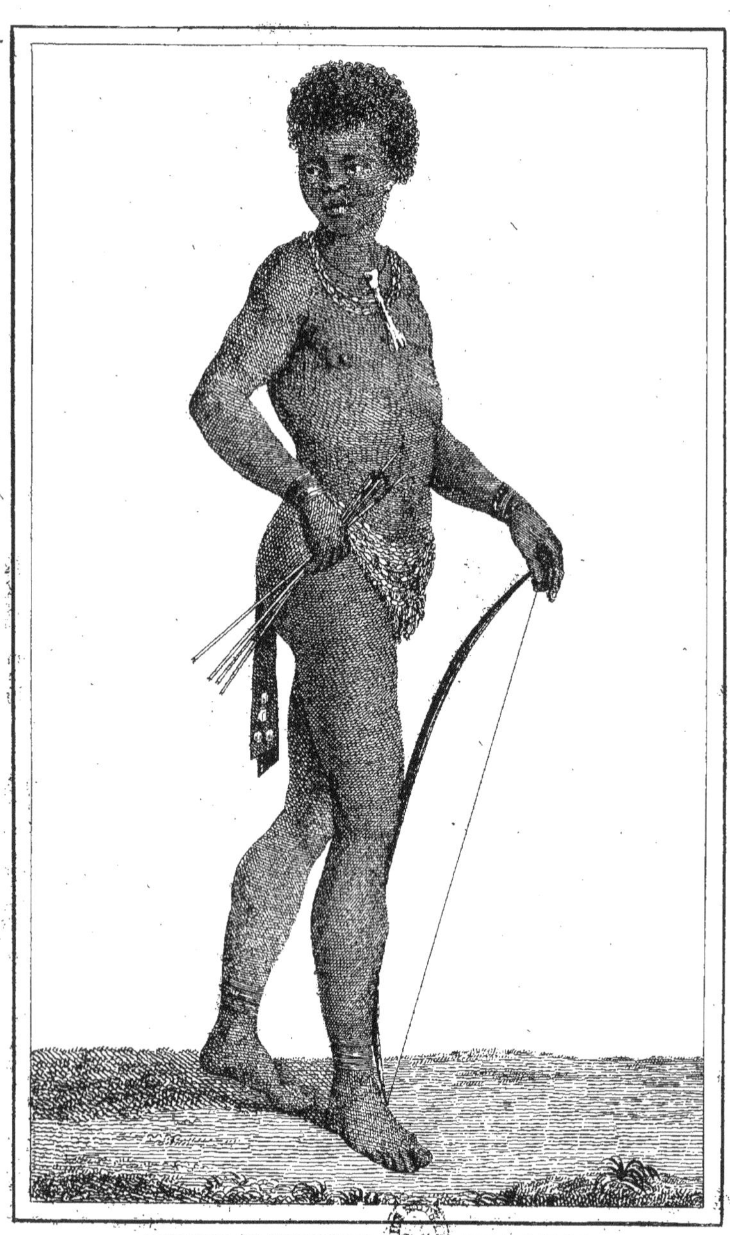

JEUNE HOTTENTOT GONAQUOI. *Tom. 2. Pag. 3.*

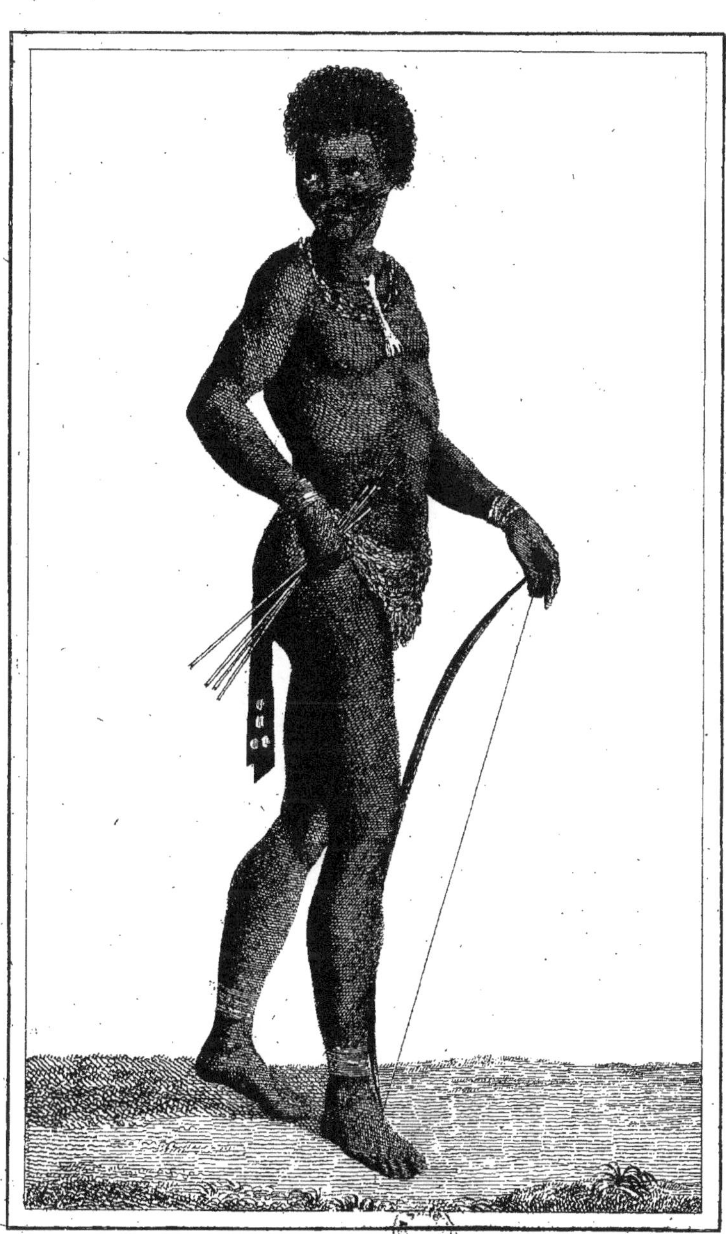

JEUNE HOTTENTOT GONAQUOI. *Tom. 2. Pag. 3.*

N.° 12.

plusieurs d'entr'eux portent à leur cou, outre les verroteries, un morceau d'ivoire ou bien un os de mouton très-blanc; et cette opposition des deux couleurs fait un bon effet, et leur sied à merveille.

Lorsque les chaleurs sont excessives, les hommes se dépouillent de tout vêtement incommode, et ne conservent que ce qu'ils appellent leurs jakals; c'est un morceau de peau de l'animal ainsi nommé, dont ils couvrent les parties naturelles, et qui tient à la ceinture : ce voile, négligemment placé, n'est qu'un vain meuble qui sert assez mal leur pudeur. Ils portent encore, dans la même circonstance, deux morceaux de cuir préparé, coupés chacun en triangle fort allongé, qu'ils attachent par-derrière, à la même ceinture qui retient le jakal, et qui pendent sur les fesses jusque vers le milieu des cuisses. Cette partie de l'habillement s'orne aussi de verroterie, de boutons ou de plaques de cuivre, même d'osselets de mouton, et souvent de coquillages blancs, conformément enfin au goût ou à la richesse de chacun d'eux dans ces sortes d'ornemens, auxquels ils attachent tous en général plus ou moins de prix, à raison de leur rareté.

La figure ci-jointe peut donner au lecteur une idée parfaite d'un Gonaquois en habit d'été. Pendant l'hiver, ou, pour mieux dire, pendant la saison des pluies, puisque ces peuples ne connoissent point, à proprement parler, d'hiver, il s'enveloppe d'un ample manteau, absolument semblable, quant à la forme, à celui des autres Hottentots. Il porte souvent aussi, pour garantir sa tête d'être mouillée, un bonnet fait de la peau d'un animal quelconque.

Les femmes, plus coquettes que les hommes, se parent aussi bien davantage; elles portent le kros comme eux. Le tablier, qui cache leur sexe, est en général plus ample que celui des Hottentotes : il est aussi très-artistement travaillé, et fort orné de verroteries. Dans les chaleurs, elles ne conservent que ce tablier avec une peau qui descend par derrière depuis la ceinture jusqu'aux molets, ainsi que nous avons représenté Narina.

Les jeunes filles au-dessous de neuf ans vont absolument nues ; arrivées à cet âge, elles portent uniquement le petit tablier.

Je reviendrai bientôt à d'autres particularités qui distinguent cette nation; je ne l'ai point encore quittée.

Il étoit nuit lorsque le Hottentot que j'avois envoyé avec Haabas arriva de sa horde. Il étoit accompagné de deux nouveaux Gonaquois, qui m'amenoient un bœuf gras que leur chef me prioit d'accepter. Narina, en me faisant souvenir de mes promesses, m'envoyoit une corbeille de lait de chèvre; elle savoit que je l'aimois beaucoup. Sa sœur avoit vu les présens qu'elle avoit rapportés, et regrettoit de n'être pas venue avec elle visiter mon camp; elle me faisoit remercier de ceux que je lui avois envoyés par sa mère : je tenois ces détails des deux messagers de Haabas. Je reçus le bœuf et les moutons qu'ils me présentèrent; je les fis régaler de tabac et d'eau-de-vie. L'un d'eux ressembloit à Narina; je le pris pour son frère; il n'étoit que son cousin. Des traits pleins de douceur, et la taille la mieux dessinée, faisoient de cet homme un des plus beaux sauvages que j'eusse encore vus; ce fut lui qui me donna sur les Gonaquois des détails que m'avoit laissé ignorer Haabas. Il m'apprit qu'avant la guerre des Caffres, sa horde n'étoit composée que d'une seule famille, dont le grand-père de Narina avoit été le dernier chef : qu'à sa mort, elle étoit restée long-temps sans capitaine ; mais que la guerre étant survenue, la horde de Haabas, qui habitoit autrefois les bords de la rivière près de son embouchure, étoit venue se joindre à la sienne pour réunir leurs forces en cas d'attaque de la part de l'ennemi commun ; que, dans les commencemens, l'arrivée de Haabas avoit occasionné bien des troubles ; que la horde ne vouloit point le reconnoître, prétendant qu'elle étoit maîtresse de se choisir elle-même un chef, et qu'il n'étoit pas juste que des nouveaux venus fissent la loi à une horde qui avoit bien voulu les recevoir chez elle ; il ajoutoit qu'on s'étoit livré de part et d'autre à de longues querelles, à quelques combats ; qu'il y avoit eu du sang de répandu, quelques sauvages tués, beaucoup de blessés ; mais qu'enfin l'intérêt commun les ayant un jour obligés de se réunir contre une incursion subite des Caffres, la conduite courageuse et prudente de Haabas, qui avoit repoussé cette attaque, l'avoit fait unanimement proclamer chef de deux hordes, qui, par les alliances, les mariages et la bonne amitié, actuellement n'en faisoient plus qu'une seule.

Mon eau-de-vie commençoit à opérer sur le cerveau de ces deux Gonaquois; ils étoient si fort en train de jaser, qu'ils ne tarissoient point dans leurs récits. Il étoit une heure du matin lorsque je les quittai pour aller reposer; je recommandai à mes gens d'imiter mon exemple, attendu que je destinois la journée du lendemain pour une grande chasse aux oiseaux, et que le point du jour étoit marqué pour le départ.

Je me mis en marche avec le soleil. Le cousin de Narina me demanda la permission de me suivre; il se faisoit une fête, disoit-il, de me voir tirer mon fusil à plusieurs coups, phénomène qu'il ne pouvoit concevoir.

Je lui avois donné ma carabine à porter, parce qu'il pouvoit arriver, chemin faisant, que nous rencontrassions du gros gibier.

La curiosité d'*Amiroo* (c'étoit le nom du cousin de Narina) ne tarda pas à être satisfaite; à la portée ordinaire, nous nous approchâmes d'un vautour que j'avois vu arrêté sur une pointe de rocher. Mon premier coup le blessa; comme il partoit, mon second l'abattit. Les camarades d'Amiroo de retour à la horde, lui avoient bien dit que je pouvois tirer plusieurs coups de suite ; mais, jugeant tout naturellement de mon arme par les siennes, il ne pouvoit croire qu'on pût blesser deux fois avec la même flèche décochée ; il fut donc étrangement surpris d'entendre mon second coup, et de voir l'animal abattu. Il auroit bien souhaité, disoit-il, posséder une arme pareille, pour se battre avec les Caffres ; il formoit ce vœu d'un air et d'un ton à me faire présumer que l'homme, s'il n'est pas le plus fort des animaux, en est né le plus noble et le plus courageux. Il me demanda pourquoi les colons n'avoient point de fusils semblables ; cette question me parut pleine de sens : quoi qu'il en soit, il me fut impossible d'y répondre. Non-seulement les colons n'en possédoient aucun en effet, mais même, avant mon arrivée, beaucoup d'entr'eux n'en avoient jamais vu, et dans toutes les habitations éloignées du Cap, on parloit de mon fusil comme d'une merveille, une curiosité sans exemple, et jamais je n'ai même pu obtenir d'un de ces colons d'essayer de chasser avec un de mes fusils à deux coups, quoiqu'ils me vissent journellement ne m'en point servir d'autres, à moins que je ne voulusse tirer à balle sur les grandes gazelles : cas où les fusils à un coup sont en effet préférables pour la justesse de la mire.

Au milieu de nos conversations, j'avois cru m'appercevoir qu'Amiroo imaginoit qu'il m'étoit possible de tirer indéfiniment à ma volonté, sans être obligé de recharger mon arme ; j'en fus convaincu par la question embarrassante qu'il me fit bientôt. Un milan passa sur nos têtes ; je lui envoyai mes deux coups : il fit seulement un crochet, et continua sa route. Amiroo me demanda pourquoi je ne tirois pas jusqu'à ce que je l'eussé tué ; je n'eus d'autre réponse à lui faire, sinon que l'oiseau étoit trop commun, et que je ne m'en souciois pas, que tant de bruit d'ailleurs pouvoit en écarter d'autres, dont j'étois plus curieux ; par ce détour tout mal-adroit, j'évitois de lui expliquer ce qu'il étoit prudent qu'il ignorât toujours, et j'augmentois le crédit et l'idée de supériorité qu'imprime par-tout un blanc à toute espèce de sauvage.

Ma chasse fut assez heureuse. Entr'autres pièces, je tuai un coucou qui, dans ce genre, formera une espèce nouvelle entièrement inconnue. Son plumage n'a rien de remarquable ; il est presque par tout le corps d'un brun noir; son ramage est composé de plusieurs sons diversement accentués : il se fait entendre de fort loin. Comme il passe des heures entières à chanter sans aucune interruption, il se trahit lui-même, et appelle le chasseur. Je lui conserverai, dans mon Histoire naturelle des Oiseaux, le nom de *Coucou criard*, que nous lui avions donné.

Je tuai aussi quelques gobe-mouches, et beaucoup de touracos, dont nous fîmes des fricassées bien supérieures à celles de pintades et de perdrix, mises à la même sauce.

Le cousin de Narina me voyant abattre aussi légèrement toutes sortes de petits oiseaux auprès de lui, me pria de lui prêter mon fusil pour essayer son adresse ; il n'étoit pas de ma politique de lui donner des leçons utiles : sans chercher à passer pour sorcier, je voulois qu'il se persuadât, par sa propre expérience, qu'il existe une énorme distance entre un Européen et un Hottentot. Je chargeai mon fusil, mais sans y mettre de plomb ; je le laissai tirer tant qu'il voulut ; il s'impatientoit de ne rien voir tomber : j'aurois chargé l'arme à l'ordinaire, qu'il n'eût pas été pour cela plus heureux peut-être ; car, dans la crainte d'avoir le visage brûlé par l'amorce, il détournoit la tête en même temps qu'il appuyoit sur la détente : sa maladresse auroit pu néanmoins le servir, c'est pourquoi j'avois préféré de ne rien donner au hasard ; car il est certain que, s'il avoit tué un seul oiseau, mon crédit baissoit aussitôt dans son esprit, et, par suite, dans toute sa horde : si l'opinion ne garantissoit pas ma personne, elle servoit du moins mon amour-propre.

Comme nous regagnions le camp, nous rencontrâmes, à deux cents pas de nous, une troupe de bubales : j'en tuai un d'un coup de carabine ; cela parut bien étrange à mon compagnon. En se rappelant qu'à quinze pas, il n'avoit pu, en plusieurs coups, abattre un misérable oiseau, il mesuroit avec étonnement la distance prodigieuse entre le bubale et nous. Ses réflexions l'attristoient ; il en étoit accablé. Je le considérai avec attendrissement, et pris soin de le consoler. Bon jeune homme, qui ne savois pas tout ce qu'a de précieux et de touchant cette simplicité qui te faisoit si petit devant ton semblable ! ah ! garde long-temps ton heureuse ignorance ; puissé-je être le dernier étranger qui, d'un pas téméraire, ait osé fouler tes champs, et que ta solitude ne soit plus profanée !

Nous couvrîmes le bubale de branchages ; et, de retour au logis, je l'envoyai chercher avec un cheval.

Pour amuser Amiroo et son camarade, j'employai le reste du jour à dépouiller mes oiseaux ; je les retins pour la nuit, en leur annonçant que, le jour suivant, ils me conduiroient eux-mêmes à leur horde ; cette nouvelle fut le signal d'une joie très-vive. La soirée se passa gaîment ; nous prîmes à l'ordinaire le thé à la crême devant un grand feu : j'avois fait tuer un des moutons que m'avoit envoyés Haabas ; le souper fut charmant ; on dansa ; on fit de la musique, et la lyre immortelle ne fut point oubliée. J'en donnai deux à mes hôtes ; ils en avoient vu dans les mains de tous ceux de la horde qui m'étoient venu visiter avant eux ; la réputation de cet instrument s'étoit bientôt répandue ; ils mouroient d'envie d'en avoir, et n'avoient osé m'en demander. En allant au-devant de leurs desirs, j'augmentai d'autant la considération et l'amitié qu'ils avoient pour moi.

Lorsque l'heure du sommeil fut venue, je prévins tout mon monde sur le voyage du lendemain, et je recommandai à Klaas que mes deux chevaux fussent prêts à la pointe du jour.

A mon réveil, le camarade d'Amiroo étoit parti pour prévenir Haabas de la visite que j'allois lui rendre, dans le jour même.

Quelle que soit l'immensité des déserts de l'Afrique, il ne faut pas calculer sa population par celle de ces essaims innombrables de noirs qui fourmillent à l'ouest, et bordent presque toutes les côtes de l'océan, depuis les îles Canaries, ou le royaume de Maroc, jusqu'aux environs du Cap de Bonne-Espérance ; il n'y a certainement aucune proportion d'après laquelle on puisse établir des apperçus même hasardés; depuis que, par un commerce approuvé par le plus petit nombre, en horreur au plus grand, de barbares navigateurs d'Europe ont porté ces nègres, par des appâts détestables, à livrer leurs prisonniers, ou les plus foibles d'entr'eux, ils sont devenus, en proportion de leurs besoins, des êtres inhumains et perfides. Le chef a vendu son sujet; la mère a vendu son fils, et la nature complice a fécondé ses entrailles !

Mais ce trafic révoltant, exécrable, est encore ignoré dans l'intérieur du continent qui avoisine le Cap de Bonne-Espérance et toutes les parties que j'ai parcourues; le désert est strictement le désert; ce n'est qu'à des distances éloignées qu'on y rencontre quelques peuplades toujours peu nombreuses, vivant des doux fruits de la terre, ou du produit de leurs bestiaux : il faut faire une longue marche, avant d'arriver d'une horde à une autre. La chaleur du climat, l'aridité des sables, la stérilité de la terre, la disette d'eau, les montagnes décrépites et graniteuses, les animaux féroces, et, plus que tout cela sans doute, l'humeur un peu phlegmatique et le tempérament froid du Hottentot, sont des obstacles à la reproduction de l'espèce; il est peut-être sans exemple qu'un père ait compté six enfans.

Aussi, d'après tous les renseignemens que j'ai pu me procurer, je suis convaincu que le pays des Gonaquois ne rassemble pas trois mille têtes sur une étendue de trente ou quarante lieues, et la horde de Haabas, qui montoit tout au plus à quatre cents personnes de tout âge, de tout sexe, passoit pour l'une des plus considérables de la nation.

Ce n'étoit plus ici ces Hottentots abâtardis et misérables qui languissent au sein des colonies, habitans méprisables et méprisés, qui ne connoissent de leur antique origine que le vain nom, et ne jouissent qu'aux dépens de leur liberté d'un peu de paix qu'ils achètent bien cher par les travaux excessifs des habitations, et le despotisme de leurs chefs toujours vendus au gouvernement! Je pouvois enfin admirer un peuple libre et brave, n'estimant rien que son indépendance, ne cédant point à des impulsions étrangères à la nature, et faites pour blesser leur caractère franc, vraiment philanthropique et magnanime.

Je ne voulois point me rendre chez cette nation respectable comme un chasseur harassé, que la fatigue et la faim ont contraint de s'arrêter au premier gîte; j'avois formé le dessein de m'y présenter *in fiochi*, dans un appareil imposant, et tout-à-la-fois honorable pour ce peuple et pour moi.

Dès le matin, je fis une toilette entière;

j'arrangeai mes cheveux : après leur avoir donné une tournure distinguée, je les surchargeai de poudre, comme j'aurois fait pour me rendre dans un cercle d'élégans. Je peignis ma barbe, et lui fis prendre le meilleur pli possible. Ce n'étoit ni par fantaisie ni par un goût bizarre que je l'avois laissé croître pendant un an, comme on l'a ridiculement débité par le monde ; ce n'étoit pas non plus, comme ces voyageurs herboristes passionnés pour la follicule et le séné, en punition de ce que je ne découvrirois pas assez tôt à mon gré telle plante diaphorétique, ou tel insecte inappercevable ; ma politique m'en avoit fait la première loi : la longueur de ma barbe n'étoit point abandon, négligence de moi-même ; la propreté hollandaise la plus scrupuleuse fait mes délices ; ce n'est pas pour un créole d'Amérique un simple besoin d'habitude, c'est une volupté ; dans mes courses je changeois de linge et de vêtemens jusqu'à trois fois par jour ; mais le projet de laisser croître ma barbe avoit été médité long-temps avant de partir du Cap. J'étois instruit des guerres des Caffres avec les colons, et que ces derniers sont en horreur aux sauvages : je pouvois être rencontré des uns ou des autres; il étoit donc essentiel, autant par mon extérieur que par ma conduite et mes manières, de me donner un air absolument étranger qui prouvât qu'il n'y avoit rien de commun entre les colons et moi. Ce plan m'a très-bien réussi : dans toutes les hordes que j'ai parcourues, je me suis vu toujours accueilli comme un être extraordinaire et d'une espèce nouvelle. Un dégoût invincible pour le tabac et l'eau-de-vie, tant prisés des colons et des sauvages, ajoutoit encore à leur étonnement; l'idée de cette prévention favorable qui ne pouvoit m'échapper, me donnoit une assurance, une intrépidité même qui m'ont procuré de grandes jouissances inconnues à d'autres voyageurs : rien ne m'arrêtoit; je marchois et me présentois sans trouble; c'est ainsi que j'eusse traversé tout le centre de l'Afrique, jusqu'en Barbarie, sans la plus légère inquiétude, si la terre ne s'étoit point, pour ainsi dire, refusée sous mes pas ; mais la soif et la faim cruelle seront à jamais une barrière insurmontable à qui voudroit tenter une entreprise aussi hardie.

Ma barbe étoit donc ma sauve-garde essentielle; mais elle me rendoit un service journalier non moins précieux. Lorsque j'étois en marche, j'avois, en la lavant, la précaution d'y laisser toute l'eau qu'elle pouvoit retenir; durant les chaleurs du jour, c'étoit pour mon visage un rafraîchissement qui me soulageoit beaucoup.

Cette première partie de ma toilette achevée, je m'habillai le plus proprement possible; parmi mes vestes de chasse, j'en avois une d'un brun obscur, garnie de boutons d'acier taillés à facettes, j'en fis mon habit de cérémonie; les rayons du soleil tombant sur ces boutons dans tous les sens, devoient par leur réfraction jeter un éclat bien propre à me faire admirer par tous ces sauvages; je mis un gilet blanc sous cette veste; à défaut de bottes, je me servis d'un pantalon de nankin, ce qui m'a toujours paru pour le moins aussi noble; j'avois encore dans ma garde-robe une paire de souliers à l'européenne, je les chaussai, et n'oubliai point mes grandes boucles d'argent, par hasard fort brillantes; je desirois ardemment un chapeau bordé d'or; il fallut s'en passer. Mon pantalon rendant inutiles les boucles de cailloux du Rhin de mes jarretières, j'en fis une agraffe avec laquelle j'attachai sur mon chapeau, tel qu'il étoit, un magnifique panache de plumes d'autruches de toute leur longueur.

Mais que j'étois en peine pour l'équipage de mon cheval! il ne répondoit guère aux ornemens du maître. A la place de cette magnifique peau de panthère, qu'on eût trouvée superbe en France, et qui ne disoit rien à l'œil d'un sauvage, quelle figure radieuse n'eût pas faite sur ma bête la plus mauvaise des housses de drap rouge qui trotte régulièrement toutes les semaines de Paris à Poissy, tant il est vrai que la rareté des objets y met souvent tout le prix, en même temps qu'elle en constitue le mérite!

J'avois annoncé à mon fidèle Klaas qu'il monteroit à cheval avec moi, et qu'il me serviroit d'écuyer; il s'étoit lui-même arrangé de son mieux; mais, jaloux de le faire paroître avec distinction, je lui donnai une de mes vieilles culottes, qu'il ne mit pas sans prendre un air de vanité, qui annonçoit en même temps le plaisir que lui faisoit ce cadeau, et l'importance qu'il recevoit de cette décoration.

Tout étant prêt pour le départ, je dépêchai deux de mes chasseurs avec leurs fusils, pour prévenir la horde de mon arrivée; et bientôt moi-même, après avoir déjeûné, je mis mon poignard à ma boutonnière, une paire de pistolets à ma ceinture, une autre à l'arçon de ma selle avec mon fusil à deux coups, et je montai à cheval. Klaas en fit autant; il portoit ma carabine, et me suivoit conduisant quatre de mes chiens; il étoit suivi, à son tour, de quatre chasseurs qui escortoient un autre de mes gens chargé de porter une cassette qui contenoit deux mouchoirs rouges, des anneaux de cuivre, des couteaux, briquets et quelques autres présens que je voulois faire à la horde. Amiroo marchoit à notre tête, pour nous guider dans la route.

Nous côtoyâmes d'abord la rivière en la remontant pendant près d'une heure; après quoi, nous la faisant quitter, Amiroo nous conduisit entre deux hautes montagnes dans une gorge étroite, dont la longueur et les sinuosités n'avoient guère moins de deux lieues. Au bout de ce défilé, revenus à cinq ou six pas de la rivière, le pays s'ouvrit devant nous, et de-là, me montrant du doigt une petite éminence sur laquelle j'appercevois un kraal, notre guide m'avertit que c'étoit celui de Haabas; nous n'en étions qu'à dix portées de fusil: le chemin avoit été plus long que je ne l'avois compté; nous avions employé trois grandes heures à cette marche.

Lorsque je ne me vis plus qu'à deux cents pas de la horde, je lâchai mes deux coups, et j'en fis faire autant à mes quatre chasseurs; les deux autres que j'avois envoyés en avant, répondirent à notre salut par leur décharge, et ce fut pour toute la horde le signal d'un cri de joie général. Je n'entremêlerai point de réflexions une scène aussi touchante; le lecteur sensible partage les douces émotions de mon ame, et préfère un récit tout véridique et tout simple. Je voyois tout le monde sortir des huttes, et se rassembler en pelotons; mais, à mesure que j'approche, les femmes, les filles et les enfans disparoissent, et chacun rentre chez soi; les hommes, restés seuls, ayant leur chef à leur tête, viennent à ma rencontre; mettant alors pied à terre, TABÉ, TABÉ, Haabas, dis-je au bon vieillard en prenant sa main, que je pressai dans la mienne. Il répondit à mon salut avec toute l'effusion d'un cœur reconnoissant, et touché de cette marque d'honneur dont il étoit le principal objet. J'essuyai le même cérémonial de la part de tous les hommes, excepté que, supprimant par respect le signe de la main, ils le remplacèrent par celui de la tête de bas en haut, et qu'en prononçant TABÉ, ils accompagnoient ce mot d'un clappement plus sensible.

Chacun en particulier m'examinoit avec la plus grande attention; jusqu'aux moindres détails de ma toilette, tout frappoit leurs regards: Haabas lui-même, qui ne m'avoit vu qu'en négligé dans mon camp ou dans mon équipage de chasse, paroissoit émerveillé de mes rares ajustemens; il me sembloit qu'il me montroit une déférence plus marquée, un air plus respectueux que par le passé.

J'avois quitté mon cheval à l'ombre d'un gros arbre, sous lequel on étoit venu me complimenter; je n'y restai que quelques minutes pour me rafraîchir; je me faisois une fête de contempler cette horde intéressante, et je m'y rendis escorté de toute la troupe; à mesure que je passois devant une des huttes, qui, comme celles des Hottentots, n'ont qu'une ouverture fort basse, la maîtresse du logis qui s'étoit d'abord montrée pour me voir venir de loin, se retiroit aussi-tôt, de telle sorte, qu'obligé de me baisser à tous momens pour examiner l'intérieur, c'étoit pour moi un spectacle très-curieux que ces visages bruns, immobiles et collés pour ainsi dire à la muraille dans le plus profond de la hutte, n'offrant par-tout que des portraits à la Silhouette. J'aurois pu me faire écrire chez toutes ces dames, car je n'y avois été reçu par aucune.

Cependant elles s'apprivoisèrent peu à peu, et je me vis à la fin entouré. On me présenta du lait de tous les côtés. Narina n'étoit point encore du nombre des curieuses : je demandai de ses nouvelles ; on courut pour la chercher ; elle arrivoit portant une corbeille de lait de chèvre tout chaud, qu'elle vint m'offrir avec empressement. J'en bus de préférence, autant à cause des graces naturelles qu'elle mit dans ce présent, que de la propreté qu'elle avoit eu l'attention de donner à son vase, que n'avoient point, à beaucoup près, ceux des autres.

Du reste, toutes ces femmes, dans leur plus grande parure, graissées et boughoués à frais, les visages peints de cent manières différentes, montroient assez tout le bruit qu'avoit fait dans la horde la nouvelle de mon arrivée, et la considération singulière qu'elles avoient pour l'étranger; Narina s'étoit parée des présens que je lui avois faits; mais ce ne fut pas sans une extrême surprise que je m'apperçus qu'elle n'avoit point suivi l'étiquette comme ses camarades, et qu'elle avoit supprimé les onctions; elle savoit à quel point me déplaisoit ce raffinement de coquetterie, et quoi qu'eût dû lui coûter cette privation, elle se l'étoit imposée pour me plaire. Elle me présenta sa sœur, qui me parut jolie; mais, soit que la prévention m'aveuglât, soit que l'odeur de ses onguens m'eût rebuté, je ne lui trouvai point l'air agaçant de Narina, et ne sentis rien pour elle.

Arrivé chez Haabas, il me montra sa femme; elle n'avoit rien qui la distinguât des autres, et je vis là, comme on le voit souvent ailleurs, que madame la commandante étoit richement vieille et laide; cela n'empêcha point qu'en courtisan délié, je lui présentasse un mouchoir rouge, qu'elle reçut sans façon, et dont elle ceignit sur-le-champ sa tête. J'ajoutai à cette offre un couteau, un briquet; mais, comme j'avois envie de connoître son goût, et que j'étois bien aise de voir une femme sauvage dans l'embarras du choix pour ses ajustemens, je lui montrai toute ma pacotille de verroterie, la priant de choisir elle-même ce qui lui plairoit davantage; je ne jouis pas de la satisfaction que je m'étois promise; elle se jeta sans balancer sur des colliers blancs et des rouges; les autres couleurs, disoit-elle, trop analogues à sa peau, ne faisant nul effet, et n'étant pas de son goût. J'ai toujours remarqué, qu'en général, les sauvages ne font pas grand cas du noir et du bleu. Je lui donnai encore du gros fil de laîton pour deux paires de bracelets, cet article me parut être celui qu'elle estimoit davantage.

Ces présens n'étoient point regardés sans envie de la part des autres femmes; elles levoient les mains avec extase, et déclaroient à haute voix dans leur admiration, que l'épouse de Haabas étoit la plus heureuse des femmes, et la plus brillante en bijoux qu'on eût jamais vue dans toutes les hordes de la nation Gonaquoise.

Je fis ensuite la distribution du reste de la verroterie que j'avois apportée, et j'avoue de bonne-foi que je manœuvrai de façon que les jeunes et les plus jolies furent les mieux partagées.

Je donnai aux hommes des couteaux, des briquets et des bouts de tabac; mon intention, en venant moi-même visiter cette horde, étoit que toutes les familles qui la composoient se sentissent de mes largesses, et la pacotille que j'avois apportée ne laissoit pas d'être considérable.

Haabas me pria de la part de plusieurs vieillards impotens qui ne pouvoient sortir de leur loge, de le suivre et de les aller visiter; je me prêtai sans peine à son desir : nous entrâmes dans leurs huttes. Ils étoient tous gardés par des enfans de huit à dix ans, chargés de leur donner leur nourriture et tous les soins qu'exige la caducité. Cette institution respectable chez des peuples sauvages me toucha fortement; j'en témoignai toute ma satisfaction à mon conducteur. Quoique ces vieillards, pour la plupart, ne fussent retenus que par leur grand âge, et non par ces infirmités qui sont l'apanage ordinaire des peuples civils, je remarquai avec surprise que leurs cheveux n'avoient point blanchi, et qu'à peine appercevoit-on à leur extrémité une légère nuance grisâtre.

Je fus conduit, après cela, vers une hutte absolument écartée de toutes les autres; elle renfermoit (quel spectacle!) un malheureux couvert d'ulcères de la tête aux pieds. Je me baissois pour entrer; une odeur infecte qui sortoit de cette hutte me fit reculer d'horreur. Cette pauvre créature étoit là, gisante depuis plus d'un an, sans que personne osât l'approcher, tant on craignoit la communication de sa maladie, qui passoit pour contagieuse! Sa femme, en effet, et deux enfans venoient d'en mourir il n'y avoit pas deux mois. On lui jetoit sa nourriture à l'entrée de sa loge ou plutôt de sa tombe; car ce n'étoit plus un être vivant. Son état, vraiment déplorable, m'inspira de la pitié; il croupissoit depuis long-temps dans l'ordure et ses déjections. Combien je me sentis peiné de ne pouvoir, par un remède efficace, apporter quelque soulagement à ses maux!

J'avois beau me souvenir qu'à Surinam nous recueillons nous-mêmes le baume de Copahu, et celui de Racassir, qui, je crois, est le Tolu de la pharmacie, et qu'avec ce seul secours nous guérissions facilement nos nègres. Je n'en étois pas pour cela plus avancé; l'Afrique ne m'offroit aucune de ces plantes salutaires ; ou du moins si elles y croissent, dans quel lieu devois-je les aller chercher ? Il me vint pourtant dans l'esprit un moyen, sinon de guérir entièrement ses douleurs, du moins d'en suspendre un peu la durée.

Je commençai par tranquilliser les esprits de ces bons sauvages, en les assurant que la maladie n'étoit point contagieuse ; qu'elle ne pouvoit se communiquer ni par le contact immédiat du malade, bien moins encore par l'air environnant. Pour les persuader davantage, je leur dis avec fermeté qu'elle m'étoit très-connue ; sans cette précaution, le dessein que je formois pour le soulagement du misérable couroit grand risque d'avorter, une prévention invincible leur faisant craindre à tous une épidémie. Ils m'en crurent heureusement, et promirent d'exécuter tout ce que j'ordonnerois.

Je leur dis donc qu'il seroit à propos de faire au moribond une friction générale avec de la graisse de mouton fondue ; que ce remède innocent restitueroit à la peau desséchée de cet homme un peu de souplesse, et lui procureroit du moins la facilité de se mouvoir. Je lui fis donner plusieurs nattes, en le priant de faire quelques efforts pour les passer sous lui. Tout foible qu'il étoit, il réussit au gré de mon desir. Je proposai alors de lui construire une nouvelle hutte, et de l'y transporter. Cet avis fut reçu avec des exclamations par tous les assistans. Pour ne pas donner à leur bonne volonté le temps de se refroidir, mes gens et moi mîmes la main à l'ouvrage, et la hutte fut bientôt achevée et en état de recevoir le malade.

J'ai toujours pensé que cet homme avoit été atteint du fléau destructeur qui empoisonne les sources de la vie, et détruit le plaisir par le plaisir même. Quoiqu'étrangers à ce fléau, ainsi qu'aux Hottentots du Cap qui le connoissent si bien, les Gonaquois pouvoient l'avoir reçu de proche en proche : un voyage, une fatale rencontre, sans doute, avoit causé le malheur de celui-ci.

On le fit sortir étendu sur ses nattes. Il fut porté près de sa nouvelle demeure, et l'ancienne fut au moment même démolie et brûlée. J'étois un dieu bienfaisant pour ces bons sauvages. Avec quel intérêt ils suivoient l'infortuné, les yeux fixés tantôt sur son sauveur, tantôt sur le malheureux, pour la santé duquel ils concevoient déjà beaucoup d'espérance; car ce doux aliment des cœurs rayonnoit sur tous les fronts, et doubloit leur tendre compassion! Avec quel empressement je les voyois tous accourir, m'environner, s'attendrir sur les souffrances de leur frère, et toutes les femmes surtout implorer les connoissances qu'elles me supposoient, afin de donner, s'il étoit possible, quelque relâche à son supplice, et de le rendre à la vie.

Il n'étoit plus qu'un squelette mal recouvert par une peau rétrécie et sèche, qui laissoit voir à nu des parties d'os aux jambes, aux bras, aux côtés et aux reins; toutes les jointures étoient démesurément enflées, et les vers anticipant sur sa destruction le rongeoient de toutes parts.

Après la friction que j'avois ordonnée on l'introduisit dans sa hutte; je le recommandai aux attentions et aux soins de toute la horde, et je priai qu'on ne lui donnât que du lait pour toute nourriture.

Je doute fort que ces secours ayent été suffisans pour le réchapper; malheureusement je n'étois pas plus instruit: et, dans l'intime persuasion que sa mort étoit inévitable, j'avois pensé que la hâter auroit été le plus grand service qu'on eût pu lui rendre. Si j'ai prolongé de quelques jours sa douloureuse existence, le plus cruel de ses ennemis n'en eût pas fait davantage.

De retour à la demeure de Haabas, sa femme me présenta du lait pour me rafraîchir; on avoit fait tuer un mouton pour moi et mes gens.

Je fis rôtir quelques côtelettes sur des charbons devant la hutte; mais les miasmes qui m'avoient suivi, et le spectacle hideux de ce cadavre encore animé ne désemparoient pas mon imagination, et m'avoient ôté l'appétit. Cependant, dans la crainte que ces sauvages ne pensassent que leurs mets m'inspiroient du dégoût, ce qui les auroit cruellement mortifiés, je pris sur moi de manger un peu. De l'endroit où j'étois assis, à traverser le cercle qui m'environnoit, je voyois mes gens, moins délicats que leur maître, se régaler des morceaux qu'on leur avoit distribués, et se divertir comme s'il se fût agi d'une noce.

Le dîner fini, il ne me resta que le temps nécessaire pour me rendre chez moi avant la nuit; ainsi, prenant congé de mes bons voisins, après une kirielle de Tabé, je remontai à cheval; presque toute la horde me suivoit, mais de plus en plus pressé par le temps, je piquai des deux, et en moins d'une heure Klaas et moi nous fûmes rendus au gîte; le reste de mon monde arriva beaucoup plus tard. Une vingtaine de Gonaquois, tant hommes que femmes, que la curiosité attachoit à leurs pas, les accompagnoient; dans tout autre temps cette visite auroit pu me déplaire; mais pour le moment j'avois beaucoup de provisions, et vingt bouches de plus ne me dérangeoient en aucune façon.

On s'attend sans doute à retrouver encore au nombre des arrivans la belle Narina; mais ce qu'on ne devine pas à coup sûr, et qui surprendra, c'est qu'elle garda si bien l'incognito, que ce ne fut que le lendemain seulement que j'appris par elle-même qu'elle étoit arrivée de la veille. La nuit fut entièrement consacrée à la danse et aux chants; mais ne voulant priver personne d'une partie de plaisir que l'occasion seule avoit formée, je ne me permis pas de les interrompre.

Un des moyens de conserver sur les sauvages la supériorité que s'arroge de plein droit le présomptueux Européen, n'est pas, comme on pourroit le croire, de les intimider et de répandre par-tout la menace et l'effroi; ce systême imbécille ne fut imaginé que par un fou téméraire, ou par un lâche à la tête d'une troupe nombreuse, et qui profite de sa force pour imposer des loix impérieuses et dures : l'exemple récent qu'en offrent nos voyages, est une preuve frappante que ce n'est point à coups redoublés de tonnerre et le sabre à la main qu'on apprivoise des hommes; la fin tragique d'un de ces navigateurs audacieux doit à jamais servir d'exemple à quiconque oseroit embrasser ces funestes maximes. Je me suis convaincu qu'il ne faut point hasarder avec les peuples de la nature, des demandes qui leur coûtent trop de sacrifices; qu'il est prudent de se priver un peu, pour obtenir davantage; que ce n'est qu'à force de complaisance qu'on s'insinue dans leurs bonnes graces, et que le point capital pour réussir auprès d'eux, est de s'en faire aimer : avec ces principes on jugera bien que je ne crois point aux *mangeurs d'hommes*, et qu'il n'est pas de pays si désert et si peu connu où je ne me présentasse tranquillement et sans crainte. La défiance est la seule cause de leur barbarie, si l'on peut appeler ainsi ce soin pressant d'écarter loin de nous, et même de détruire tout ce qui paroît tendre à troubler notre repos et notre sûreté.

Je n'avois pu dormir de toute la nuit; je me levai à la pointe du jour; quel fut mon étonnement quand j'apperçus Narina! elle avoit l'air plus embarrassé, plus honteux que de coutume; ce fut alors seulement, comme je l'ai dit, qu'elle m'avoua qu'elle étoit arrivée dès la veille avec tous les autres. Je lui fis des reproches de s'être ainsi cachée de moi; je la pressai de m'en dire la raison; malgré mes vives instances, je ne pus obtenir une réponse positive; son silence là-dessus alla jusqu'à l'obstination; enfin, comme si elle eût craint d'avoir trop élevé ses espérances, elle devint plus timide à mesure qu'elle devinoit les soupçons que je semblois former sur son compte. Cette réserve ingénue me la fit aimer davantage : le café étoit prêt; je partageai mon déjeûné avec elle.

Les danses et la joie continuèrent encore toute cette journée; mais, le lendemain, la curiosité amena en détail toute la horde dans mon camp. Les uns arrivoient, d'autres partoient; on se croisoit de toutes parts sur les chemins : ce spectacle étoit pour moi le tableau mouvant d'une fête de village. Je les reçus avec une égale cordialité. Je demandai des nouvelles du pauvre malade; on m'en donna qui me firent plaisir; il ne cessoit, me dit-on, de parler de moi avec les larmes de la reconnoissance. Il étoit toujours souffrant: mais quel changement dans sa position! quel soulagement ne recevoit-il pas de la propreté que je lui avois procurée! Il jouissoit du moins de la consolation de voir ses camarades, et de s'entretenir avec eux: pleins de confiance dans mes avis, ils ne craignoient plus d'entrer dans sa hutte et de l'approcher. Leurs visites étoient une distraction qui répandoit sur ses plaies un baume plus salutaire encore que les plantes, et lui faisoit oublier son mal. Je doute fort de sa régénération, après l'état désespéré où je l'ai vu; mais, s'il étoit possible qu'il se rétablît, je pense que ce remède moral n'y aura pas peu contribué. Est-il un sort plus cruel que de se voir ainsi délaissé par ses amis et par ses proches, et relégué au loin comme un cadavre abandonné dont la vue fait horreur? Chacun me contoit tous ces détails à sa manière, et les accompagnoit de remercîmens d'autant plus empressés, qu'ils tenoient davantage au malade par les liens du sang ou de l'amitié.

Ce ne fut que l'après-midi du second jour que cessa la procession, et que ces braves Gonaquois prirent congé de mon camp pour retourner tout-à-fait à leur horde. Je ne pouvois trop leur recommander le malade; je leur dis que les soins qu'ils prendroient de lui étoient la marque d'affection et d'estime qui me flatteroit le plus: je chargeai Narina, en particulier, de lui remettre de ma part une petite provision de tabac. Je fis, surtout, à cette jeune sauvage quelques nouveaux présens, et je la laissai partir.

J'avois peu fréquenté cette fille; mais l'attachement qu'elle m'avoit inspiré étoit si naturel et si simple, je m'étois si bien habitué à ses manières, et je trouvois tant d'analogie entre son humeur et la mienne, que je ne pouvois me persuader que notre connoissance datât de si près, et qu'elle dût finir si-tôt; je croyois l'admirer pour la dernière fois..... d'autres projets, d'autres soins!

Il est temps d'observer que les femmes de ce pays ne s'étoient point comportées avec mes gens comme avoient fait précédemment celles de la rivière Gamtoos. Elles montroient la plus grande retenue : dès que leurs hommes partoient, aucune d'elles ne restoit en arrière.

J'avoue que ces visites, un peu longues, un peu nombreuses et trop multipliées, commençoient à me déplaire ; je craignois, avec raison, qu'il n'en résultât du désordre autour de moi, et que mon monde ne prît goût à ces dissipations. Chacun déjà se relâchoit de sa besogne ; la chasse les intéressoit beaucoup moins ; la danse occupoit tous leurs momens. Les gens chargés de la conduite et de la garde de mes bestiaux s'y prêtoient à regret, et les laissoient se disperser çà et là ; d'autres s'étoient absentés la nuit, et n'avoient reparu qu'au jour pour se reposer ; je crus qu'il étoit de ma politique de fermer les yeux sur ces petits abus, et de ramener insensiblement tout ce monde au devoir. Les chaleurs commençoient à devenir insupportables ; le soleil, après avoir repassé l'équateur, plongeoit à pic sur nous, et nous brûloit au point qu'il eût été très-dangereux de s'exposer au jour dans le fort de son ardeur ; ma tente même se changeoit dans ces momens en une étuve dont j'étois obligé de déserter. Que de motifs puissans pour m'engager à changer d'emplacement, et à transporter mes pénates dans un local mieux ombragé, sous quelque bocage épais! Mais on se rappelle le rendez-vous convenu avec mes envoyés chez les Caffres; il se pouvoit qu'à leur retour, ne me trouvant point au Koks-Kraal, ils imaginassent ou qu'il m'étoit arrivé quelque malheur imprévu, ou que, fatigué de les attendre, j'avois pris le parti de décamper et de continuer ma route; cette diversion les eût jetés dans le plus grand embarras: de mon côté, je m'intéressois trop au sort des deux miens pour les abandonner, et n'aurois pas voulu, pour tous les oiseaux de l'Afrique, avoir à me reprocher une aussi lâche action. Je me déterminai donc à rester jusqu'à leur arrivée, qui nécessairement ne devoit pas tarder; mais je me promis bien de rendre tous mes gens à nos exercices, et j'en donnai le premier l'exemple.

Je ne manquai plus, selon mon ancienne coutume, de consacrer une partie des soirées à la rédaction de mon journal, et c'est ici que je commençai à saisir enfin les différences qui distinguent un Hottentot d'un Hottentot, et particulièrement les Gonaquois des autres hordes que j'avois jusqu'alors rencontrées.

Le kraal de Haabas, à quatre cents pas environ de la rivière Groote-Vish, étoit situé sur le penchant d'une colline qui s'étendoit par une pente insensible jusqu'au pied d'une chaîne de montagnes couvertes d'une forêt de très-grands arbres ; un petit ruisseau le traversoit par le milieu, et alloit se perdre à la rivière. Toutes les huttes, au nombre à-peu-près de quarante, bâties sur un espace de six cents pieds quarrés, formoient plusieurs demi-cercles ; elles étoient liées l'une à l'autre par de petits parcs particuliers. C'est-là que chaque famille enferme, pendant le jour, les veaux et les agneaux, qu'ils ne laissent jamais suivre leurs mères, et qui ne tetent que le matin et le soir, temps auquel les femmes traient les vaches et les chèvres. Il y avoit, outre cela, trois grands parcs bien entourés, destinés à contenir, pendant la nuit seulement, le troupeau général de la horde.

Les huttes, semblables pour la forme à celles des Hottentots des colonies, portent tout au plus de huit à neuf pieds de diamètre, sur cinq à six pieds de hauteur. Elles sont couvertes de peaux de bœuf ou de mouton, mais plus ordinairement de nattes. Elles n'ont qu'une seule ouverture, fort étroite et fort basse ; c'est au milieu de ce four que la famille entretient son feu. La fumée épaisse qui remplit ces tanières, et qui n'a d'autre issue que la porte, unie à la fétidité qu'elles conservent toujours, étoufferoit l'Européen qui auroit le courage d'y rester deux minutes. L'habitude rend tout cela supportable à ces sauvages. A la vérité, ils n'y demeurent point pendant le jour; mais, à l'approche de la nuit, chacun gagne sa demeure, étend sa natte, la couvre d'une peau de mouton, et s'y dorlote aussi bien que le sensuel Européen le fait sur le duvet. Quand les nuits sont trop fraîches, on se sert pour couverture d'une peau pareille à celle sur laquelle on couche ; le Gonaquois en a toujours de rechange : dès que le jour est venu, tous ces lits sont roulés et placés dans un coin de la hutte. Si le temps est pur, on les expose à l'air et au soleil ; on bat l'un après l'autre tous ces meubles pour en faire tomber, non pas les punaises comme en

Europe, mais les insectes et une autre vermine non moins incommode à laquelle la chaleur excessive du climat rend fort sujets ces sauvages, et dont ils ne sont pas maîtres avec tous leurs soins d'arrêter la foison. Lorsqu'ils n'ont point, pour l'instant, d'occupation plus pressée, ils font une recherche plus exacte et plus scrupuleuse de cette vermine; un coup de dent les délivre l'un après l'autre de ces petits animaux malfaisans: cette méthode est plus facile et plus prompte.

Je ne sais quel auteur s'est avisé de croire que cet usage étoit pour eux une ressource, une partie de leur nourriture, peut-être même une délicatesse. Rien n'est plus faux que cette ridicule assertion; je peux certifier, au contraire, qu'ils s'acquittent de cette manière d'une cérémonie pareille, avec autant de dégoût que nos femmes ou nos servantes la remplissent d'une autre façon à l'égard de nos enfans.

J'ai avancé plus haut que les Gonaquoises mettent dans leur parure un air de coquetterie inconnu aux Hottentotes des colonies. Cependant leurs habillemens ne diffèrent point par la forme, si ce n'est que les premières les portent plus amples, et que le tablier de la pudeur, qu'elles nomment *Neuyp-Kros*, est plus large et descend presque jusqu'aux genoux; mais c'est dans les ornemens, je pourrois dire dans les broderies, prodigués à ces habillemens, que consistent la richesse et la magnificence dont elles se piquent; c'est dans l'arrangement sur-tout de ce tablier que brillent l'art et le goût de chacune d'elles; les dessins, les compartimens, le mélange des couleurs, rien n'est négligé : plus leurs vêtemens en général sont chargés de grains de rassade, plus ils sont estimés; elles en ornent même les bonnets qu'elles portent; ils sont, autant qu'il est possible, de peau de zèbre, parce que la peau blanche de ce quadrupède, tranchée par des bandes brunes ou noires, donne du relief à leur physionomie, et, comme elles le disent très-bien, ajoute plus de piquant à leurs charmes. Elles sont, outre cela, plus ou moins somptueuses en proportion des verroteries qu'elles possèdent et dont elles surchargent leur corps. Bracelets, ceinture, colliers, elles ne s'épargnent rien lorsqu'elles veulent paroître. Elles font des tissus dont elles se garnissent les jambes en guise de brodequins. Celles qui ne peuvent atteindre à ce degré de magnificence, se bornent, sur-tout pour les jambes, à les orner du même jonc dont elles fabriquent leurs nattes, ou de peaux de bœuf coupées et arrondies à coup de maillet; c'est cet usage qui a donné lieu à plusieurs voyageurs de copier, l'un de l'autre, que ces peuples s'enveloppent les bras et les jambes avec des intestins fraîchement arrachés du corps des animaux, et qu'ils dévorent ces garnitures à mesure qu'elles tombent en putréfaction; erreur grossière, et qui mérite d'être ensevelie avec les livres qui l'ont produite. Il est peut-être arrivé qu'un Hottentot excédé par la faim aura saisi cette ressource, le seul moyen de sauver ses jours, et dévoré ses courroies et ses sandales; mais de ce que les horreurs d'un siége ont contraint les hommes civilisés à se disputer les plus vils alimens, faut-il conclure que les hommes civilisés se nourrissent ordinairement de pourritures et de lambeaux?

Dans l'origine, les anneaux de cuir et les roseaux dont les Hottentots entouroient leurs jambes, n'étoient qu'un préservatif indispensable contre la piqûre des ronces, des épines et la morsure des serpens qui abondent dans ces contrées de l'Afrique; mais le luxe transforme en abus les inventions les plus utiles. A ces peaux et à ces anneaux qui les servoient si bien, les femmes ont substitué la verroterie, dont la fragilité les préserve si mal. C'est ainsi que chez les sauvages comme chez les nations les plus éclairées, se dégradent et se corrompent à la longue les institutions les plus sages et les mieux combinées ! Le luxe des Hottentotes, tout mal entendu qu'il paroisse, annonce assez que la vanité appartient et s'étend à tous les climats, et qu'en dépit même de la nature, par-tout la femme est toujours femme.

L'habitude de voir des Hottentotes ne m'a jamais familiarisé avec l'usage où elles sont de se peindre la figure de mille façons différentes; je le trouve hideux et repoussant: je ne sais quels charmes elles prétendent recevoir de ce barbouillage, non-seulement ridicule, mais fétide. Je donne la gravure d'une Hottentote dans tout le luxe de ses plus beaux atours, et j'atteste qu'il n'y a dans ce portrait ni charge ni exagération.

Les deux couleurs dont elles font sur-tout très-grand cas, sont le rouge et le noir. La première est composée avec une terre

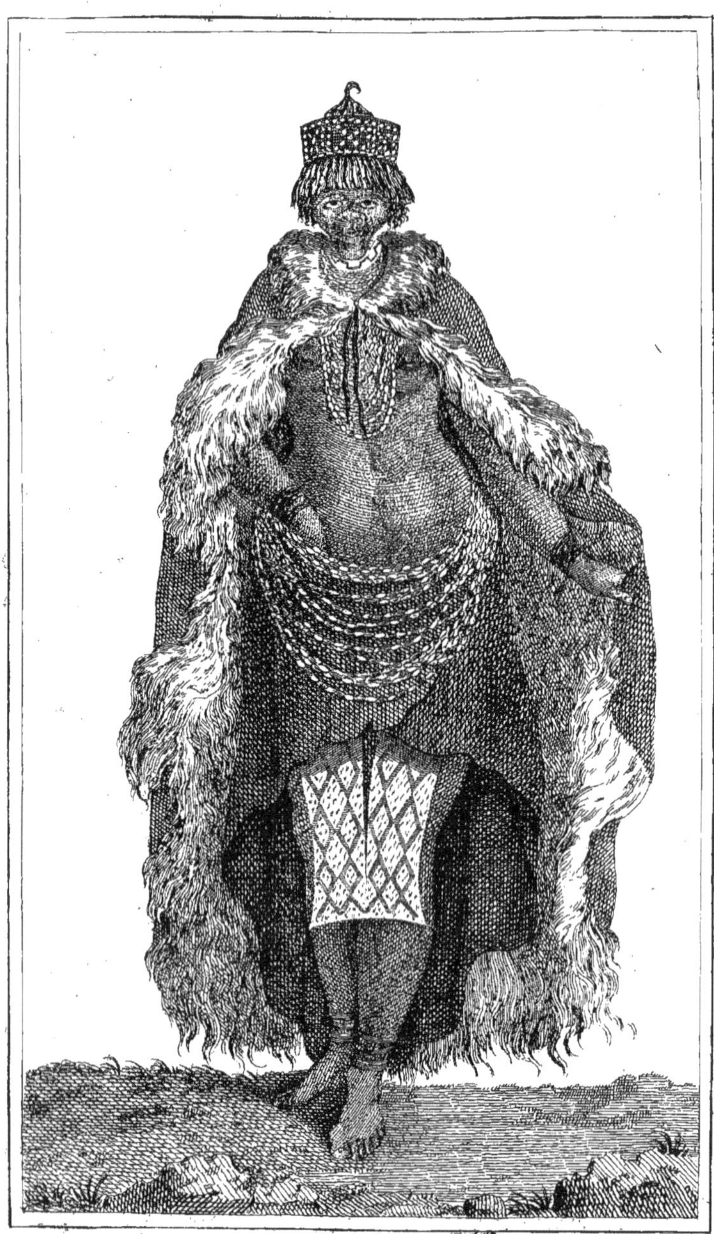

LA HOTTENTOTE. *Tom. 2. Pag. 44.*

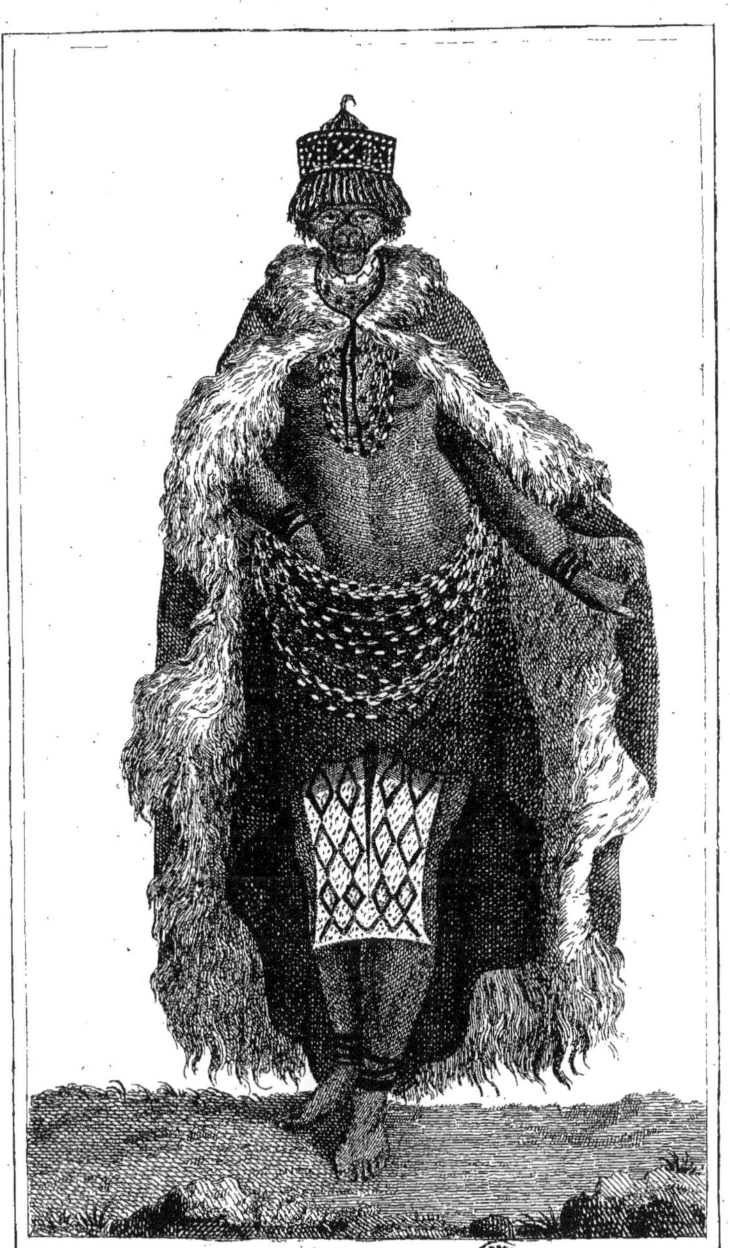

LA HOTTENTOTE. *Tom. 2. Pag. 44.*

ocreuse qui se trouve dans plusieurs endroits; elles la mêlent et la délayent avec de la graisse: cette terre ressemble beaucoup à la brique ou au tuileau mis en poudre. Le noir n'est autre chose que de la suie ou du charbon de bois tendre. Quelques femmes se contentent, à la vérité, de peindre seulement la proéminence des joues; mais le général se barbouille la figure par compartimens symmétriquement variés, et cette partie de la toilette demande beaucoup de temps.

Ces deux couleurs chéries des Hottentotes sont toujours parfumées avec de la poudre de boughou. L'odorat d'un Européen n'en est pas agréablement frappé; peut-être que celui d'un Hottentot ne trouveroit pas moins insupportables nos odeurs, nos essences, et tous nos sachets; mais du moins le boughou a sur notre rouge et nos pâtes l'avantage de n'être point pernicieux pour la peau; il n'attaque ni ne délabre les poitrines; et la Hottentote qui ne connoît ni l'ambre, ni le musc, ni le benjoin, ne connoît pas non plus les vapeurs, les spasmes et la migraine.

Les hommes ne peignent jamais leurs visages; mais souvent je les ai vus se servir de la préparation des deux couleurs mélangées, pour peindre leur lèvre supérieure jusqu'aux narines, et jouir de l'avantage d'en respirer incessamment l'odeur. Les jeunes filles accordent quelquefois à leurs amans la faveur de leur en appliquer sous le nez; et, sur ce point, elles ont un genre de coquetterie fort touchant pour le cœur d'un novice Hottentot.

Qu'on se garde bien d'inférer de ce que j'ai dit des Hottentotes, qu'elles soient tellement adonnées à leur toilette qu'elles négligent les occupations utiles et journalières, auxquelles la nature et leurs usages les appellent : je n'ai entendu parler que de certains jours de fête qui reviennent assez rarement. Séparées de l'Europe par l'immensité des mers, et des colonies hollandaises par des déserts, des montagnes et des rochers impraticables, trop de communication d'un peuple à l'autre ne les a point encore conduites à ces excès de notre dépravation; loin de cela, dès qu'elles jouissent du bonheur d'être mères, la nature leur parle un autre langage; elles prennent plus qu'en aucun autre pays l'esprit de leur état, et se livrent sans réserve aux soins impérieux qu'il exige.

Aussi-tôt qu'il est né, l'enfant ne quitte point le dos de sa mère; elle y fixe ce cher fardeau avec un tablier qui le presse contre elle; un autre attaché avec des courroies sous le derrière de l'enfant, le soutient et l'empêche de glisser; ce second tablier formé comme l'autre, de peau de bête, ressemble assez à nos carnassières de chasse; on l'orne ordinairement avec des rassades, et voilà tout ce qui compose la layette du nouveau-né.

Soit que la mère aille à l'ouvrage, soit qu'elle se rende au bal et même qu'elle y danse, elle ne se débarrasse point de son enfant : ce marmot, dont on n'apperçoit que la tête, ne pleure jamais, ne pousse aucun vagissement, si ce n'est lorsqu'il éprouve le besoin de teter; la mère alors le fait tourner et l'attire de côté, sans qu'il soit nécessaire qu'elle le démaillotte; mais lorsqu'elle est avancée en âge ou qu'elle a eu plusieurs enfans, sans déplacer celui qu'elle porte, elle lui passe la mamelle par-dessous le bras ou la lui donne par-dessus l'épaule; l'enfant satisfait cesse alors de pleurer, et la nourrice continue sa danse.

Lorsqu'enfin on juge qu'il est en état de

s'aider et de s'évertuer lui-même, on le pose à terre devant la hutte; à force de ramper, il se développe, et de jour en jour il s'essaie à se tenir debout : une première tentative en amène une seconde; il s'enhardit, et bientôt il est assez fort pour courir et suivre son père ou sa mère.

Cette méthode si simple, si naturelle, vaut bien, à ce que je crois, celle de nos bretelles meurtrières; elles écrasent et rétrécissent la poitrine; la disproportion entre la force des jambes et la pesanteur du corps qui contraint nos enfans à peser sur ces bretelles trop officieuses, finit souvent par les estropier, altère leur santé, et les défigure pour le reste de leurs jours.

Jamais, soit en Amérique, soit en Afrique, je n'ai rencontré de boiteux ou de bossus parmi les sauvages. C'est en Europe qu'il faut voyager pour en voir.

Ce qui contribue encore à donner aux enfans des sauvages cette souplesse et cette force qui les distinguent, c'est le soin que prennent les mères de les frotter avec de la graisse de mouton. Les hommes faits ont besoin eux-mêmes d'user de cette précaution, qui rend à la peau la flexibilité que lui ôteroient l'impétuosité des vents et les ardeurs du soleil.

Moins favorisé par les productions des climats africains, que les Caraïbes par ceux d'Amérique, le Hottentot n'a pas, comme ces derniers, *le rocou*, qui lui rend un service continuel. Tout le monde sait que cet arbre donne une espèce de fruit ou de silique qui s'ouvre en deux parties, et laisse échapper une soixantaine de graines, dont la pellicule est graisseuse et rougeâtre. Le Caraïbe qui va toujours nu, ne manque jamais de s'en frotter tous les matins, depuis les pieds jusqu'à la tête; il se préserve, au moyen de cette onction, des atteintes du soleil et de la piqûre des mousquittes, et intercepte la transpiration trop abondante entre les tropiques.

Lorsqu'une Hottentote touche au moment d'accoucher, c'est une vieille femme de la horde qui vient lui prêter un ministère officieux; ces couches sont toujours heureuses; on ne connoît point chez les sauvages l'opération césarienne et de la symphyse; on ne consulte point, on n'agite jamais la question de savoir s'il faut sauver l'enfant aux dépens des jours de la mère; et si, par un exemple extrêmement rare, on ne pouvoit accorder la vie qu'à l'un des deux, certes d'horribles distinctions n'ordonneroient point l'assassinat d'une mère, et l'enfant ne seroit pas épargné.

Je me suis informé des Hottentots mêmes, s'il étoit vrai qu'une mère qui accouche de deux enfans à la fois, en fît périr un sur-le-champ : d'abord ce crime contre nature est fort rare, et révolte ces nations ; mais il prend sa source, le croiroit-on ? dans l'amour le plus tendre. C'est la crainte de ne pouvoir nourrir ces jumeaux, et de les voir périr tous deux, qui a porté quelques mères à en sacrifier un ; au reste, les Gonaquois sont exempts de ce reproche, et je les ai vus s'indigner de ma question. Mais de quel droit oseroit-on faire un crime à ces sauvages de cette précaution dont j'ai donné du moins un motif plausible, lorsqu'au sein des pays les plus éclairés, on voit chaque jour, malgré les hospices ouverts par la bienfaisance, des mères assez dénaturées pour exposer elles-mêmes et abandonner dans les rues le fruit innocent de leurs entrailles ?

C'est donc calomnier ces peuples que de donner comme une pratique constante quelques actions barbares qu'ils désavouent et démentent si bien par leur conduite : j'ai rencontré dans plus d'une horde, des mères qui nourrissoient leurs jumeaux, et ne m'en paroissoient pas plus embarrassées.

Des voyageurs cependant n'ont pas craint d'attester l'usage de cette barbarie; c'est avec aussi peu de vérité que M. Sparmann lui-même s'exprime ainsi dans son Voyage au Cap, pag. 73 du tome II, touchant le sort des enfans à la mamelle qui perdent leur mère. « Une autre coutume non moins horrible, qui n'a jusqu'à présent été remarquée » par personne, mais dont l'existence chez les » Hottentots m'a été pleinement CERTIFIÉE, » c'est en cas de mort de la mère, d'enterrer » vivant avec elle son enfant à la mamelle ; » cette année même, dans l'endroit où j'étois » alors, le fait qu'on va lire étoit arrivé. — » Une Hottentote étoit morte à cette ferme » d'une fièvre épidémique. Les autres Hottentots qui croyoient n'être pas à portée » d'élever l'enfant femelle qu'elle avoit laissé, ou qui ne vouloient pas s'en charger, » l'avoient déjà enveloppé vivant dans une » peau de mouton pour l'enterrer avec sa » défunte mère ; quelques fermiers du voisinage les empêchèrent d'accomplir leur

» dessein ; mais l'enfant mourut dans des » convulsions. Mon hôtesse qui commençoit » à n'être plus jeune, me dit qu'elle-même, » il y avoit seize ou dix-sept ans, avoit » trouvé dans le quartier de Swellendam, » un enfant hottentot empaqueté dans des » peaux, attaché fortement à un arbre, près » de l'endroit où sa mère avoit été récem- » ment enterrée : il restoit encore assez de » vie à cet enfant pour le sauver ; il fut élevé » par les parens de madame Kock ; mais il » mourut à l'âge de huit à neuf ans. Il résulte » de ces exemples et de plusieurs autres » traits que JE TIENS DES COLONS, &c. »

Il faut d'abord conclure des paroles de ce botaniste, qu'il n'avoit rien vu de ce qu'il rapporte, puisqu'il déclare ici comme par tout son ouvrage, qu'il tient ces détails des colons. Il les a trop fréquentés pour ignorer jusqu'où l'on doit compter sur leur mémoire ou leur esprit ; c'en étoit assez pour nous épargner beaucoup de fables, qu'il étoit au contraire important de renverser. Ce n'est pas sur des ouï-dire qu'on juge les peuples, et que l'on compare. Dans le récit le plus véridique, que de nuances même vous échappent, qui porteroient la lumière sur des faits toujours mal interprêtés, quand on n'en a pas été le témoin oculaire, et qu'on ne comprend pas la langue du pays où l'on voyage! et non-seulement le docteur Sparmann n'entendoit pas le hottentot, mais il convient lui-même de l'embarras où il étoit de converser avec les colons, qui ne connoissent que le hollandais, qu'il ne parloit pas non plus : d'ailleurs, ne suffisoit-il pas que la première mère dont il parle fût morte, comme il le dit, d'une maladie épidémique, pour que les Hottentots alarmés s'éloignassent du cadavre et de l'enfant dans la crainte d'une contagion, motifs et préjugés assez forts chez eux pour les porter à tout abandonner à l'instant, jusqu'aux troupeaux, leur seule richesse? A l'égard du second enfant trouvé dans le canton de Swellendam, les circonstances pouvoient être encore les mêmes; et, jusqu'à ce qu'on m'ait fait voir les causes raisonnées de cette barbarie, j'en purgerai l'histoire du peuple le plus doux et le plus sensible que je connoisse. Au reste, il y a long-temps que tout ces contes ridicules sur ces pauvres sauvages, seroient oubliés avec les histoires des sorciers et des revenans, s'il n'y avoit des vieilles pour les redire, et des enfans pour les entendre.

Il semble qu'on ait pris à tâche de vilipender et de décrier la nation sauvage, de tout le globe connu la plus tranquille et la plus patiente, tandis que, pénétrés d'estime et de respect pour les peuples les plus orientaux, les Chinois, par exemple, ont glissé légèrement sur l'usage constant où sont les mères à Pékin, d'exposer pendant la nuit au milieu des rues les enfans dont elles veulent se défaire, afin qu'à la pointe du jour les voitures et les bêtes de somme les écrasent en passant, ou que les cochons les dévorent.

Des voyageurs en Asie nous apprennent que les grands seigneurs du Thibet vont en pélerinage à Putola, lieu de la résidence du lama, qu'ils se procurent des excrémens de ce souverain grand-prêtre, qu'ils les portent à leurs cous en amulettes, et qu'ils en sèment sur leurs alimens.

Cette cérémonie nauséabonde a-t-elle rien de moins révoltant que celle faussement attribuée aux Hottentots dans la célébration de leurs mariages? on suppose à des maîtres de cérémonie qu'ils n'ont pas, ou bien à des prêtres qu'ils connoissent encore moins, la puissance surnaturelle d'immerger par les canaux uretères, deux futurs époux qui, prosternés aux pieds de l'arrosoir, reçoivent dévotement la liqueur, et s'en frottent avec soin tout le corps, sans en perdre une goutte. L'auteur que j'ai cité plus haut, incline fortement à croire ces rapsodies sur le simple rapport des colons, lorsqu'il dit que ces bruits populaires, concernant les rites matrimoniaux, ne sont pas dénués de fondement, mais que cette coutume ne se pratique plus que dans l'intérieur des kraals, et jamais en présence des colons.

Kolbe a parlé de cette cérémonie avec de grands détails; il l'a même exposée aux yeux de ses lecteurs dans une gravure, afin de lui donner une sorte d'authenticité. D'autres ignorans ont copié Kolbe, et jusqu'à la traduction française de M. Sparmann, à laquelle on s'est permis d'ajouter pour compléter le dernier volume, je ne sais quel extrait d'un *nouveau systême géographique*, je ne connois point de voyage sur l'Afrique, qui ne soit entaché des absurdes rêveries de ce Kolbe. Ce plagiat qui déshonore l'ouvrage d'un savant estimable, ne mérite aucune foi. On y rapporte, mot pour mot, les songes du voyageur sédentaire, bâtis-il y a plus de quatre-vingts ans, non-seulement touchant les cérémonies du mariage des Hottentots, mais même la réception dans un ordre de chevalerie, qui se termine aussi par une immersion générale des chevaliers. C'est trop m'appesantir sur ces détails; mais je dois rendre un compte non moins fidèle de ce que j'ai vu que de ce que j'ai pensé.

Les Hottentotes sont sujettes, ainsi que les Européennes, à des indispositions périodiques; toutes les circonstances qui les accompagnent sont absolument les mêmes. La femme ou fille Gonaquoise qui s'apperçoit de son état, quitte aussi-tôt la hutte de son mari ou de ses parens, se retire à quelque distance de la horde, n'a plus de communication avec eux; se construit une espèce de cabane, s'il fait froid, et s'y tient recluse jusqu'à ce que, purifiée par des bains, elle soit en état de se représenter; comme dans ces circonstances l'habillement sauvage cache assez mal l'état d'une femme, elle seroit exposée à des railleries piquantes, si quelqu'un s'en appercevoit; il n'en faudroit même pas davantage pour inspirer à l'époux qu'elle s'est choisi, des dégoûts qui finiroient par la plus prompte séparation. C'est donc une honte naturelle, fondée sur le sentiment de son imperfection et la crainte de déplaire, qui oblige une femme à s'éloigner pour quelques jours; et voilà encore un de ces usages qu'il eût été facile de faire passer pour une cérémonie religieuse, par des gens qui, ne l'ayant remarqué que superficiellement, n'auroient pas vu que cette conduite mystérieuse en apparence, n'est dans le fond qu'un acte de décence et de propreté.

Les filles n'ont jamais de commerce avec les hommes avant d'être capables d'enfanter; à douze ou treize ans elles sont nubiles; et, dans ce cas, si-tôt qu'un garçon convient à son cœur, elle reçoit de ses parens la permission d'habiter avec lui.

Dans un pays où tous les individus sont égaux en naissant, pourvu qu'ils soient hommes, toutes les conditions nécessairement sont égales, ou plutôt il n'y a point de conditions; le luxe et la vanité, qui dévorent les fortunes et leur font éprouver tant de variations, sont nuls pour les sauvages; bornés à des besoins simples, les moyens par lesquels ils se les procurent n'étant pas exclusifs, peuvent être et sont effectivement employés par tous; ainsi toutes les combinaisons de l'orgueil pour la prospérité des familles, et l'entassement de dix fortunes dans un même coffre-fort, n'y produisent aucune intrigue, aucun désordre, aucuns crimes; les parens n'ayant point de raisons de s'opposer aux sentimens de prédilection qui entraînent un enfant vers un objet plutôt que vers un autre, tous les mariages assortis par une inclination réciproque ont toujours une issue heureuse; et, comme pour se soutenir, ils n'ont d'autre loi que l'amour, ils n'ont pour se rompre d'autre motif que l'indifférence. Mais ces unions, formées par la simple nature, sont plus durables qu'on ne pense chez ces pasteurs, et leur amour pour leurs enfans rend deux époux de jour en jour plus nécessaires l'un à l'autre.

La formalité de ces mariages se réduisant donc à une promesse pure et simple de vivre ensemble tant qu'on se conviendra, l'engagement pris, deux jeunes gens sont tout-à-coup mari et femme, et certainement cette alliance ne se solemnise point par ces aspersions ridicules et maussades dont j'ai parlé;

on tue des moutons, quelquefois un bœuf pour célébrer une petite fête; les parens donnent quelques bestiaux aux jeunes gens; ceux-ci se construisent un logement; ils en prennent possession le jour même pour y vivre ensemble autant de temps que l'amour entretiendra chez eux la bonne intelligence; car s'il survient, comme je viens de le dire, quelque différend dans le ménage, qui ne puisse s'appaiser que par la séparation, elle est bientôt prononcée; on se quitte, et chacun de son côté cherchant fortune ailleurs, est libre de se remarier.

L'ordre exige que les effets de la communauté soient partagés amiablement. Mais, s'il arrive que le mari, en sa qualité de maître, prétende retenir le tout, la femme ne manque pas pour cela de défenseurs et d'appui: sa famille prend fait et cause pour elle; les amis s'en mêlent, quelquefois toute la horde. Alors grande rumeur; on en vient aux mains, et les plus forts font la loi.

La mère garde avec elle les petits enfans, sur-tout si ce sont des filles; les garçons, s'ils sont grands, suivent le père, et sont presque toujours de son parti.

Ces malheurs, il faut l'attester, sont assez

rares; mais ce qui n'est pas moins digne de remarque, c'est que dans ces cas, ainsi que dans toutes les autres querelles, il n'y a aucune loi prévue, aucune coutume établie pour y mettre ordre; il faut regarder comme des futilités ce qu'a dit Kolbe de leur cours de justice, de leur manière de procéder dans les affaires civiles, du conseil supérieur de la nation, des prisons, des assemblées publiques, en un mot de toutes ces institutions qui ne conviennent nullement au nom sauvage, puisqu'un peuple ainsi gouverné ne différeroit de nous que par sa couleur et son climat.

Je n'ai jamais vu, je n'ai point appris qu'une querelle ait fini par un meurtre; mais si ce malheur arrivoit, et que le mort fût regretté, la famille, très-modérée dans sa vengeance, se contenteroit de la loi du talion : pour un crime aussi grave, toute la horde poursuivroit l'assassin, et le forceroit de s'expatrier s'il échappoit à la mort.

La polygamie ne répugne point aux Hottentots; mais il s'en faut de beaucoup qu'elle soit généralement établie chez eux; ils prennent autant de femmes qu'ils veulent, c'est-à-dire en proportion de leur tempérament;

ce qui réduit ordinairement ce besoin à une seule.

Mais on ne voit pas une femme vivre en même temps avec deux hommes, et la sage nature, qui voulut qu'un père pût avouer son fils, imprima dans le cœur d'une Gonaquoise une invincible horreur de cette infâme prostitution; elle révolte ces peuples, au point qu'un mari qui auroit connoissance de la plus légère infidélité, pourroit tuer sa femme sans courir le risque d'être inquiété pour cela.

On sent bien que cette remarque souffre quelques exceptions, et l'on se rappelle avec quelle familiarité les premiers Hottentots libres que je rencontrai, vinrent se mêler parmi les miens; mais plus voisins de la colonie, l'exemple est pour eux un séducteur bien engageant; j'avoue même qu'il seroit rare de voir chez ces demi-sauvages le nœud conjugal résister aux sollicitations et aux cajoleries d'un Européen; la Hottentote, honorée par sa défaite avec un blanc, ne voit plus son mari qu'avec une sorte de hauteur, et le quitte avec mépris; celui-ci, de son côté, se console bientôt, et se laisse aisément appaiser par de légers présens; mais cette ressource même est inutile; et, comme je l'ai déjà observé, par une suite de l'altération de leurs mœurs primitives, ils paroissent peu sensibles aux atteintes de la jalousie, et sont bien loin d'éprouver ses fureurs.

Le Gonaquois est bien moins recherché dans ses habillemens que la femme; on a dit que, pendant l'hiver, il mettoit son kros le poil en dedans, et que pendant les chaleurs il le retournoit; la chose est possible et très-indifférente en elle-même; mais cela n'empêche point que, pour l'été, il n'en ait un autre absolument sans poil, et dont la préparation lui coûte bien des peines. J'ai fait remarquer que le Gonaquois est d'une stature plus élevée que le Hottentot des colonies, et que son kros est fait de peau de veau : il est rare qu'une seule de ces peaux suffise; on lui donne plus d'ampleur, en ajoutant de chaque côté une pièce qui se coud avec des fils de boyaux; cette couture est faite à la façon des cordonniers. Pour former les trous, le sauvage se sert d'une alêne de fer quand il peut en avoir; à son défaut, il en fait avec des os : ceux de la jambe d'autruche étant les plus durs qu'il connoisse, sont aussi ceux qu'il estime davantage. Il y a deux manières d'enlever le poil d'un kros : quand l'animal est nouvellement dépouillé, et que la peau en est encore fraîche, on se contente de la rouler, le poil en dedans, et de l'oublier pendant deux jours; ce temps suffit pour que la fermentation soit commencée; c'est le moment d'arracher le poil, qui presque de lui-même quitte et se détache facilement; on donne par le frottement une sorte de préparation à la peau; on la laisse ensuite, pendant un jour entier, couverte dans toute sa longueur de feuilles de figuier-hottentot, bien macérées et triturées; on détache, après cette opération, les fibres et toutes les parties charnues qu'on apperçoit; enfin, à force d'être frotté, fatigué avec des graisses de mouton, ce kros acquiert tout le moelleux et la flexibilité d'une étoffe tissue : on voit que ce procédé diffère peu de ceux employés en Europe par les fourreurs et les mégissiers; mais, quelqu'habileté que les Hottentots aient coutume de mettre dans l'art de préparer leurs fourrures et toutes leurs peaux, elles n'approcheront jamais des nôtres lorsqu'elles ont passé par les mains de nos parfumeurs.

Si la peau est sèche, et qu'ayant ou n'ayant point servi elle ait conservé tout son poil, et qu'un sauvage, à défaut d'un autre, desire s'en faire un kros d'été, ce travail demande d'autres soins; il devient plus minutieux et fort long. On fait avec une côte de mouton une espèce de ciseau, qu'il est à propos de rendre le plus tranchant possible; cet outil, qui sert à enlever le poil, doit se manier avec précaution; il ne suffit pas de raser, rien ne seroit plus facile, mais il faut que le poil parte avec sa racine, et que, sans endommager le tissu, il emmène avec lui l'épiderme : cet ouvrage de patience exige infiniment d'adresse, et fait perdre bien du temps.

Le Gonaquois, je le répète, n'a d'autre vêtement que son kros et son jakal; il marche toujours nu tête, à moins qu'il ne pleuve ou qu'il n'ait froid; alors il porte un bonnet de cuir. Il orne ordinairement ses cheveux de quelques grains de verrotérie, ou bien il y attache quelques plumes; j'en ai rencontré qui remplaçoient cette décoration par de petits morceaux de cuir découpé; d'autres encore ayant tué quelques petits quadrupèdes, en enfloient la vessie, et se l'attachoient comme une aigrette au-dessus du front.

Tous, en général, font usage de sandales, ils les fixent avec des courroies ; ils ornent aussi, avec moins de profusion que les femmes, leurs jambes et leurs bras de bracelets d'ivoire dont la blancheur les flatte infiniment, mais dont ils font pourtant moins de cas que des bracelets de gros laiton ; ils prennent tant de soin de ceux-ci, et les frottent si souvent, qu'ils deviennent très-brillans et conservent le plus beau poli.

Ils sont adonnés à la chasse, et ils y déploient beaucoup d'adresse. Indépendamment des piéges qu'ils tendent au gros gibier, ils le guettent, l'attaquent, le tirent avec leurs flèches empoisonnées, ou le tuent avec leurs sagayes ; ces deux armes sont les seules dont ils se servent ; l'animal qu'une flèche a touché ne tarde pas à ressentir les effets du poison qui lui coagule le sang ; il est plus d'une fois arrivé à un éléphant ainsi blessé, d'aller tomber à vingt ou trente lieues de l'endroit où il avoit reçu le coup mortel. Si-tôt que l'animal est expiré, on se contente de couper toute la partie des chairs voisines de la plaie qu'on regarde comme dangereuse; mais le reste ne se ressent en aucune manière des atteintes du poison; j'ai souvent mangé de ces viandes sans avoir éprouvé la plus légère incommodité; mais j'avoue que je n'aurois pas voulu courir les mêmes risques à l'égard des animaux chez qui le poison auroit séjourné quelque temps.

A la première inspection de leurs flèches, on ne soupçonneroit pas à quel point elles sont meurtrières; elles n'ont ni la portée ni la longueur de celles dont les Caraïbes font usage en Amérique; mais leur petitesse même les rend d'autant plus dangereuses, qu'il est impossible à l'œil de les appercevoir et de les suivre, et par conséquent de les éviter : la moindre blessure qu'elles font est toujours mortelle, si le poison touche le sang ou la chair déchirée; le remède le plus sûr est la prompte amputation de la partie blessée, si c'est quelque membre; mais si la plaie est dans le corps, il faut périr.

Ces flèches sont faites de roseaux et très-artistement travaillées; elles n'ont guère que dix-huit pouces ou tout au plus deux pieds de longueur, au lieu que celles des Caraïbes portent six pieds. On arrondit un petit os de trois à quatre pouces de long, et d'un diamètre moindre que celui du roseau ; on l'implante dans ce roseau par l'un des bouts, mais sans le fixer ; de cette manière, lorsque la flèche a pénétré dans un corps on peut bien en retirer la baguette, mais le petit os ne vient point avec elle ; il reste caché dans la plaie d'autant plus sûrement, qu'il est encore armé d'un petit crochet de fer placé sur son côté, de façon, que par sa résistance et les nouvelles déchirures qu'il fait dans l'intérieur, il rend inutiles tous les moyens que l'art voudroit imaginer pour le faire sortir : c'est ce même os qu'on enduit d'un poison qui a la fermeté du mastic, et à la pointe duquel on ajoute souvent encore un petit fer triangulaire et bien acéré, qui rend l'arme encore plus terrible.

Chaque peuplade a sa méthode pour composer ses poisons, suivant les diverses plantes laiteuses qui croissent à sa portée ; on les exprime du suc de ces plantes dangereuses. Certaines espèces de serpens en fournissent aussi ; et pour l'activité, ce sont celles que les sauvages recherchent et préfèrent surtout dans leurs expéditions et leurs combats. Il n'est guère possible de leur arracher des éclaircissemens certains sur la prépara-tion du venin extrait des serpens; c'est un secret qu'ils se réservent obstinément: tout ce qu'on peut assurer, c'est que l'effet en est très-prompt, et je n'ai pas manqué d'occasions d'en faire l'expérience. J'inclinerois pourtant à croire qu'en vieillissant ce poison perd beaucoup de sa force, malgré l'épreuve qui en a été faite au Jardin des Plantes, et dont on garantit le succès; mais tous ces poisons, comme je le dis, ne se ressemblent point; celui qu'avoit rapporté M. de la Condamine à son retour du Pérou, ne fait pas loi pour l'Afrique. Au reste, c'est une expérience qu'il seroit facile de répéter publiquement sous les yeux de plusieurs savans, puisque je possède dans mon cabinet, entr'autres armes, un carquois garni de ses flèches que j'ai eu le bonheur d'enlever à un Hottentot Bossis, dans une action où je n'ai sauvé mes jours qu'aux dépens des siens; je raconterai cette histoire en son temps.

Les arcs sont proportionnés aux flèches, et n'ont que deux pieds et demi, ou tout au plus trois de hauteur; la corde en est faite avec des boyaux.

La sagaye est ordinairement une arme bien foible dans la main du Hottentot; mais, en outre, sa longueur la rend peu dangereuse: comme on la voit fendre l'air, il est aisé de l'éviter. D'ailleurs, au-delà de quarante pas celui qui la lance n'est plus sûr de son coup, quoiqu'on puisse l'envoyer beaucoup plus loin; c'est dans la mêlée seulement qu'elle peut être de quelqu'utilité; elle a la forme d'une lance comme la sagaye de tous les pays; mais destinée à être jetée à l'ennemi ou au gibier, le bois de celle d'Afrique est plus léger, plus foible et va toujours en diminuant d'épaisseur jusqu'à l'extrémité opposée au fer.

L'usage de cette arme est mal-entendu; car le guerrier qui s'en sert avec le plus d'adresse, est aussi le plutôt désarmé. Les Gonaquois et tous les autres Hottentots n'en portent jamais qu'une, et l'embarras qu'en général elle leur cause, ainsi que le mauvais parti qu'ils en tirent, fait assez connoître qu'elle n'est pas leur défense favorite, d'où l'on peut conclure que l'arc et ses flèches sont l'arme naturelle et propre du Hottentot. J'en ai vu quelques-uns plus habiles à lancer la sagaye; mais le plus grand nombre n'y entend rien.

Il n'en est pas ainsi des Caffres, qui n'ont point d'autres armes : j'en vais parler incessamment.

Telles sont donc les ressources employées pour l'attaque et pour la défense, par quelques-unes des nations sauvages de l'Afrique ; l'Européen s'en indignera peut-être, et les taxera d'atrocité ; mais l'Européen oublie qu'avant qu'il employât ces foudres terribles qui font en un moment tant de ruines et de vastes tombeaux, il n'avoit d'autres armes que le fer, et connoissoit également les moyens d'envoyer un double trépas à l'ennemi.

Le Hottentot ne se doute pas des premiers élémens de l'agriculture ; jamais il ne sème ni ne plante ; jamais il ne fait de récolte ; tout ce qu'a dit Kolbe de sa manière de travailler la terre, de recueillir les grains, de composer le beurre, regarde uniquement les colons et les Hottentots à leurs gages ; les sauvages boivent leur lait comme la nature le leur donne ; s'ils prenoient goût à l'agriculture, ce seroit certainement par le tabac et par la vigne qu'ils commenceroient, car fumer et boire est pour eux le plaisir dominant ; et tous, jeunes ou vieux, femmes ou filles, portent à ces deux objets une ardeur excessive.

Ils font, quand ils veulent s'en donner la peine, une liqueur enivrante, composée de miel et d'une racine qu'ils laissent fermenter dans une certaine quantité d'eau; c'est une sorte d'hydromel : cette liqueur n'est point leur boisson ordinaire, jamais ils n'en conservent en provision; ils boivent tout d'un coup ce qu'ils en ont : c'est un régal qu'ils se procurent de temps en temps.

Ils fument une plante qu'ils nomment *dagha* et non *daka*, comme l'ont écrit quelques auteurs; cette plante n'est point indigène, c'est le chénevis, ou chanvre d'Europe. Quelques colons en cultivent; et lorsqu'ils en ont séché les feuilles, ils les vendent fort cher aux Hottentots, et leur échangent contre des bœufs : il y a des sauvages qui préfèrent ces feuilles à celles du tabac; mais le plus grand nombre mêle volontiers les deux ensemble.

Ils estiment moins les pipes qui arrivent d'Europe que celles qu'ils se fabriquent eux-mêmes; les premières leur semblent trop petites : ils emploient du bambou, de la terre cuite ou de la pierre tendre qu'ils taillent et creusent profondément sans les endommager; ils font en sorte qu'elles aient beaucoup de capacité : plus elles peuvent recevoir de tabac, plus ils les estiment. J'en ai vu dont le canal par lequel ils aspiroient la fumée, avoit plus d'un pouce de diamètre intérieur.

On ne voit point chez les Gonaquois des hommes qui s'adonnent particulièrement à un genre de travail, pour servir les fantaisies des autres. La femme qui veut reposer plus mollement, fait elle-même ses nattes; le besoin d'un vêtement produit un tailleur; le chasseur qui desire des armes sûres, ne compte que sur celles qu'il se forgera lui-même; un amant enfin, est le seul architecte de la cabane qui va mettre à l'abri les charmes de sa compagne.

J'avoue qu'il seroit difficile de ne pas trouver chez d'autres nations plus d'intelligence et plus d'art; les seuls meubles en usage dans le pays que je décris sont une sorte de poterie très-fragile et peu variée; rarement les Gonaquois font-ils bouillir leurs viandes; ils les préfèrent rôties ou grillées. Leur poterie est principalement destinée à fondre les graisses qu'ils conservent ensuite dans des calebasses, des sacs de peau de mouton, ou dans des vessies.

Quoiqu'ils élèvent en moutons et en bœufs des bestiaux innombrables, il est rare qu'ils tuent de ceux-ci, à moins qu'il ne leur arrive quelqu'accident, ou que la vieillesse ne les ait mis hors de service; leur principale nourriture est donc le lait que donnent leurs vaches et leurs brebis; ils ont, en outre, les produits de leur chasse; et de temps en temps ils égorgent un mouton. Pour engraisser ces animaux, ils font usage d'un procédé, qui, pour ne se point pratiquer en Europe, n'en opère pas moins d'effet, et a de particulier l'avantage de n'exiger aucun soin; ils se contentent d'écraser entre deux pierres plates la partie que nous leur retranchons; ainsi comprimée, elle acquiert avec le temps un volume prodigieux, et devient un mets très-délicat, quand on a résolu de sacrifier l'animal.

L'usage d'élever des bœufs pour la guerre ne se pratique point dans cette partie de l'Afrique; je n'ai vu nulle trace d'une pareille coutume dans tous les lieux que j'ai parcourus jusqu'à ce moment, elle est particulière aux grands Namaquois : j'en parlerai lorsque je visiterai ces peuples ; les seuls que les Hottentots instruisent ne leur servent qu'à transporter les bagages lorsqu'ils abandonnent un endroit pour aller s'établir dans un autre ; le reste est destiné aux échanges.

Il faut que les bœufs dont ils veulent faire des bêtes de somme, soient maniés et stylés de bonne heure à cette besogne ; autrement ils deviendroient absolument indociles, et se refuseroient à cette espèce de service. Ainsi, lorsque l'animal est jeune encore, on perce la cloison qui sépare les deux narines ; on y passe un bâton de huit à dix pouces de longueur, sur un pouce à-peu-près de diamètre. Pour fixer ce bâton, et l'empêcher de sortir de cet anneau mobile, une courroie, attachée aux deux bouts, l'assujétit ; on lui laisse jusqu'à la mort ce frein qui sert à l'arrêter et à le contenir. Lorsque ce bœuf a pris toutes ses forces ou à-peu-près, on commence par l'habituer à une sangle de cuir, que de temps en temps on resserre plus fortement sans qu'il en soit incommodé ; on l'amène au point que tout autre animal envers qui l'on n'auroit pas pris les mêmes précautions, seroit à l'instant étouffé et périroit sur la place ; on charge le jeune élève de quelques fardeaux légers, comme des peaux, des nattes, &c. C'est ainsi qu'en augmentant la charge insensiblement et par degrés, on parvient à lui faire porter et à fixer sur son dos jusqu'à trois cents livres pesant et plus, qui ne le gênent aucunement lorsqu'on le met en marche.

La manière de charger un bœuf est fort simple ; un homme, en se mettant au-devant de lui, tient la courroie attachée au petit bâton qui traverse ses narines ; l'animal le plus furieux, arrêté de cette façon, seroit tranquille : on couvre son dos de quelques peaux pour éviter de le blesser ; puis, à mesure qu'on y ajoute les effets destinés pour sa charge, deux Hottentots robustes, placés à chacun des côtés, les rangent et les assurent en passant sous le ventre et ramenant sur ces effets une forte sangle de cuir ; elle a quelquefois jusqu'à vingt aunes et plus de longueur. Pour la serrer plus étroitement, à chaque révolution qu'elle fait autour des effets et du ventre de l'animal, ces deux hommes appuient le pied ou le genou contre ses flancs, et certes on ne voit pas avec moins d'étonnement que de peine la pauvre bête, dont le ventre se réduit à plus de moitié de son volume ordinaire, endurer ce supplice et marcher tranquillement. Souvent aussi le bœuf sert de monture au Hottentot qui ne connoît point le cheval, et, dans les colonies même, les habitans s'en servent quelquefois. Le mouvement du bœuf est très-doux, sur-tout quand il trotte, et j'en ai vu qui, dressés particulièrement à l'équitation, ne le cédoient point pour la vîtesse au cheval le plus leste.

L'action de traire les brebis et les vaches appartient aux femmes; comme on ne les tourmente jamais, elles sont d'une docilité surprenante : il n'est point nécessaire de les attacher. Il faut observer qu'en Afrique une vache ne donne plus de lait lorsque, par le sevrage ou la mort, elle est privée de son veau; on évite avec grand soin ce malheur, qui rendroit la mère inutile, et diminueroit la plus chère ressource de ces sauvages. L'instinct qui porte une vache à retenir son lait jusqu'à ce que son veau l'ait tetée, n'est pas moins digne de fixer l'attention; mais, dans ces occasions, les Hottentots ont une méthode facile et généralement répandue, toute dégoûtante qu'elle soit. Tandis qu'une femme est en posture et tient le pis de la vache, une autre souffle avec violence dans le vagin de la bête ; son ventre alors s'enfle démesurément, elle ne peut plus retenir son lait, et le laisse échapper avec profusion.

S'il arrive que le veau périsse, on en conserve soigneusement la peau, et c'est avec beaucoup d'adresse qu'on trompe l'instinct naïf de la nature; on en habille un autre veau: séduite par cet artifice, la mère continue de donner du lait; mais il est rare que ce moyen réussisse au-delà d'un mois : c'est une perte réelle pour le propriétaire; car, lorsque le veau ne meurt pas, la vache ne tarit qu'environ six semaines avant de mettre bas une autre fois.

L'espèce de vaches africaines est absolument la même et ne diffère point de celle d'Europe : suivant les divers cantons, bons ou mauvais, elles sont plus ou moins grosses : en général, elles donnent plus de lait ; celles qui peuvent en donner trois ou quatre pintes par jour, sont des phénomènes extraordinaires. Il paroît que le laitage, ce doux présent de la nature, devient plus rare et tarit presque tout-à-fait à mesure qu'on approche des pays les plus chauds. Je me souviens qu'à Surinam, très-peu loin de la ligne, on tenoit pour une vache merveilleuse celle qui fournissoit une ou deux chopines par jour. Ce qui ajoute encore à mon assertion, c'est qu'au Cap même, dans la saison des pluies où l'atmosphère est plus rafraîchie, on en obtient davantage, et le contraire a lieu quand les chaleurs se rapprochent; c'est alors aussi que commence la saison la plus dangereuse pour ces animaux, et qu'ils sont sujets à quatre maladies meurtrières, qui font dans leurs troupeaux de cruels dégâts.

La première, nommée au Cap *lam-sikte*, est une véritable paralysie qui survient tout d'un coup; et quoique gros et gras, et dans l'apparence de la meilleure santé, ces animaux sont contraints de rester couchés, et périssent ordinairement en quinze jours: aussi-tôt que la maladie se déclare, on dépayse ceux qui sont encore sur pied; comme il n'est point de remède à ce fléau, on se hâte de tuer tout ce qu'il attaque, d'autant plus volontiers que les colons n'éprouvent nulle répugnance à manger ces viandes mal saines: ils ne font pas sur-tout difficulté d'en nourrir leurs esclaves et les Hottentots, encore moins délicats.

Une autre maladie, le *tong-sikte*, est un gonflement prodigieux de la langue qui remplit alors toute la capacité de la bouche et du gosier : l'animal est à tout moment sur le point d'étouffer. Ce mal est plus terrible que l'autre par ses suites : il a cependant son remède ; mais on le connoît si peu, ou bien on l'administre si mal, qu'il n'opère aucun bon succès : c'est encore le cas de tuer ceux du sort desquels on désespère, afin du moins d'en conserver et la viande et les peaux.

Le *klauw-sikte* attaque le pied du bœuf, le fait prodigieusement enfler, et produit souvent la suppuration ; le sabot se détache et ne tient presque plus au pied. Lorsque l'animal marche et qu'on le voit par-derrière, on croiroit qu'il porte des pantoufles ; on imagine bien qu'on se garde dans un pareil état de le déplacer ; on le laisse se reposer tant que le mal dure : c'est une incommodité peu dangereuse, et qui finit ordinairement dans la quinzaine.

Il n'en est pas ainsi du *spong-sikte* parmi les bêtes à cornes ; fléau terrible et très-alarmant, même pour les troupeaux des hordes : cette peste n'épargne rien, et cause de prompts ravages ; heureux celui qui ne perd que la moitié de son troupeau : c'est une espèce de ladrerie qui se communique dans un instant. Les animaux qui en sont atteints ont les chairs boursouflées, spongieuses et livides, on diroit qu'elles sont meurtries et qu'elles se décomposent; elles se remplissent d'une humeur roussâtre, visqueuse, et portent un dégoût qui écarte jusqu'aux chiens. Sur le premier soupçon des premiers symptômes de cette peste, si l'on n'a pris soin d'écarter au loin les animaux qui n'en sont point encore attaqués, il n'y a ni force ni santé qui puissent les en garantir.

Telles sont les principales maladies qui, par leurs ravages périodiques, établissent entre la multiplication et la mortalité des bestiaux d'Afrique, une balance qui s'oppose à leur prospérité et sans laquelle ces peuples pasteurs, très-sobres dans leur consommation, deviendroient bientôt riches et puissans.

Les moutons que les sauvages élèvent dans la partie de l'est, sont de l'espèce connue sous le nom de *Moutons du Cap*. La grosseur de leur queue leur a donné de la réputation; mais de combien ne l'a-t-on pas exagérée ! son poids ordinaire n'est que de quatre ou cinq livres. Pendant un de mes séjours à la ville, on promenoit, de maison en maison, un de ces animaux comme une chose merveilleuse, et sa queue cependant, quoiqu'elle fût admirée, ne pesoit pas plus de neuf livres et demie. Ce n'est absolument qu'un morceau de graisse qui a cela de particulier, qu'étant fondue, elle n'acquiert point la consistance des autres graisses de l'animal ; c'est une espèce d'huile figée à laquelle les Hottentots donnent la préférence pour leurs onctions, et pour se boughouer. Les colons l'emploient aussi aux fritures ; amalgamée avec d'autres substances graisseuses, elle se durcit comme le beurre, et le remplace, sur-tout dans les cantons de la colonie trop arides pour qu'on y puisse élever des vaches ; aussi, dans les pays gras, la nomme-t-on par plaisanterie et par dérision, le beurre de tel endroit; au Cap par exemple, beurre de *Swartland,* canton sec où le laitage est très-rare.

Il n'y a que les chèvres auxquelles les terreins arides et brûlés conviennent ; elles y sont toujours d'une très-belle espèce; leur taille varie suivant les divers cantons; mais par-tout elles sont généralement bonnes, et donnent tout autant de lait que les vaches. Elles mettent bas deux fois par an, comme les brebis; celles-ci font presque toujours deux petits à-la-fois et les chèvres trois, assez souvent quatre.

Les Hottentots ne connoissent point le cochon; les colons européens même dédaignent de l'élever. J'en ai vu cependant dans quelques cantons particuliers; on les laisse multiplier et vivre en liberté : pour les prendre, il faut les poursuivre et les tirer à coups de fusil.

On n'estime point la volaille chez les Hottentots; ils ne pourroient pas même en élever quand ils le voudroient, puisque, ne semant rien, ils ne recueillent aucune espèce de graine.

Les racines dont ils font plus particulièrement usage, se réduisent à un très-petit nombre; jamais ils ne les font cuire; ils les trouvent bonnes mangées crues, et l'épreuve m'a convaincu qu'ils n'ont pas tort.

Celle à laquelle je donnois la préférence, connue sous le nom hottentot *kamero*, est de la forme d'un radis, grosse comme un melon, et d'une saveur agréable et douce, merveilleuse sur-tout pour étancher la soif.

Quelle admirable précaution de la nature dans un pays brûlant, où l'on périroit à chaque pas, et qui n'offre point dans de certaines saisons une seule source où l'on puisse espérer de se désaltérer ! Quoiqu'assez commune, cette racine ne se trouve pas facilement, parce que, dans le temps de sa maturité parfaite, ses feuilles flétries et fanées se détachent, et que pour se la procurer il faut presque l'avoir remarquée d'avance. Mais avec un peu d'habitude du pays, on apprend à connoître les places où elle croît de préférence.

Lorsque brûlé par la chaleur et les fatigues du jour, la bouche et le gosier desséchés, couvert de sueur, de poussière, haletant, privé d'ombre et n'en pouvant plus, je soupirois après la plus infecte des mares, et bornois là tous mes vœux ; lorsque mes vaines recherches et l'opiniâtre aridité du sol m'avoient enfin ôté toute espérance, combien je me félicitois alors d'une précaution que plus d'un élégant Midas, sur des récits publiés sans mon aveu, a tournée en ridicule, aussi bien que mon coq, parce qu'entr'autres balourdises, par exemple, trouvant toujours de l'eau à la Seine, il conçoit difficilement pourquoi cette rivière ne s'étend pas jusqu'aux déserts d'Afrique, et borne son cours à une mince portion d'une très-mince partie de la terre; et comment peut-on jamais périr de soif et de faim, quand les marchés de la capitale sont garnis de toutes parts, et regorgent de mille provisions différentes? Combien, dis-je, je me félicitois de posséder dans mes animaux domestiques, les plus inutiles en apparence, d'aussi bons surveillans, et des amis si nécessaires à ma conservation! Dans ces momens de crise, mon fidèle Keès ne quittoit point mes pas; nous nous écartions un moment de nos voitures; l'adresse de son instinct l'avoit bientôt conduit à quelqu'une de ces plantes: la touffe, qui n'existoit plus, rendoit ses cabrioles inutiles; alors ses mains labouroient la terre. L'attente eût mal répondu à son impatiente avidité; mais, avec mon poignard ou mon couteau je venois à son secours, et nous partagions loyalement le fruit précieux qu'il m'avoit découvert.

Deux autres racines de la grosseur du doigt, mais fort longues, me procuroient un égal soulagement. Elles étoient douces et tendres; un léger parfum de fenouil et d'anis me les faisoit même préférer, lorsque j'avois le bonheur d'en découvrir : on en trouve dans les colonies; elles y sont connues, l'une sous le nom d'*anys-wortel*, l'autre sous celui de *vinkel-wortel.*

Il croît dans les cantons pierreux une espèce de pomme-de-terre, que les sauvages nomment *kaa-nap ;* sa figure est irrégulière; elle contient un suc laiteux d'une grande douceur; on suce uniquement cette espèce de pulpe pour en extraire et en savourer le lait : j'ai essayé de la faire cuire, elle valoit beaucoup moins, ainsi que toutes les autres, attendu la trop prompte décomposition de la substance délicate qui s'évapore, se dénature, et ne laisse qu'un résidu fort insipide.

Quelques autres racines cuites dans l'eau ou sous la cendre à la manière des châtaignes, en approchoient beaucoup pour le goût.

Les fruits sauvages se réduisent à un très-petit nombre; je n'ai jamais rencontré que des arbrisseaux dont les baies, plus ou moins mauvaises, ne peuvent guère tenter que des enfans : c'est ainsi que les nôtres, dans le fond des campagnes, se font un doux régal de tout ce que produisent nos haies sur les chemins. Il est de ces fruits sauvages qui ont la vertu de purger, et ne servent qu'à cela.

Quoiqu'étranger à plus d'une partie intéressante de l'Histoire Naturelle, je me serois cru bien répréhensible de négliger, dans un climat si lointain, dans des contrées qu'on n'a jamais parcourues, la plus foible occasion d'étudier tous les objets nouveaux dont je me voyois sans cesse environné; j'avoue que sans aucune teinture de la botanique, je n'ai point négligé cependant de me livrer à quelques recherches relatives à cette science, qui, pour ne rien dire à l'esprit, et ne porter aucun sentiment à l'ame, n'en a pas moins pour but la bienfaisance et le desir d'être utile aux hommes. Lorsque je trouvois quelques plantes bulbeuses, quelques arbustes dont les fleurs ou les fruits attiroient mes regards, j'avois grand soin de m'en emparer, j'en amassois jusqu'aux graines; j'étois même parvenu, dans mes divers campemens, à comparer, à saisir des rapports; cette étude étoit pour moi une agréable récréation, un moyen de plus de varier mes loisirs. Dans un de mes retours à la ville, j'avois fait, en ce genre, une collection assez précieuse, que M. Percheron, agent de France au Cap, avoit adressée de ma part pour le Jardin des Plantes, à cette famille recommandable, dont je n'ose citer le nom, mais que la nature en lui révélant ses doux secrets, et lui confiant le soin particulier de ses trésors cachés, place au rang de ses plus chers favoris. Ces plantes ne sont point parvenues à leur destination ; je tiens de la bouche de l'agent de France, que le vaisseau qui les portoit a fait naufrage.

J'ai été plus heureux à l'égard des dessins que j'en avois tirés ; je les ai rapportés avec moi. Un très-habile botaniste m'a attesté n'en pas connoître la plus grande partie ; le public en jouira par la suite.

Je rentre dans des détails plus faciles, et qui sont à ma portée. Je veux parler de mes chers Gonaquois.

A la seule inspection de ces sauvages, il seroit difficile de deviner leur âge. A la vérité, les vieillards ont des rides ; l'extrémité de leurs cheveux grisonne foiblement, mais jamais ils ne blanchissent, et je présume qu'ils sont très-vieux à soixante-dix ans.

Les sauvages mesurent l'année par les

époques de sécheresse et de pluie ; cette division est générale pour l'habitant des tropiques ; ils la sous-divisent par les lunes ; ils ne comptent plus les jours si le nombre excède celui des doigts de leurs mains, c'est-à-dire dix. Passé cela, ils désignent le jour ou le temps par quelqu'époque remarquable ; par exemple, un orage extraordinaire, un éléphant tué, une épizootie, une émigration, etc. Ils indiquent les instans du jour par le cours du soleil. Ils vous diront en montrant avec le doigt : « Il étoit LA » quand je suis parti, et LA quand je suis » arrivé ». Cette méthode n'est guère précise ; mais malgré son inexactitude, elle donne des à-peu-près suffisans à ces peuples, qui n'ayant ni rendez-vous galans, ni procès à suivre, ni perfidies à commettre, ni lâchetés à publier, ni cour flétrissante et basse à faire à d'ignares protecteurs, et jamais une pièce nouvelle à siffler, voient tranquillement le soleil achever son cours, et s'inquiètent peu si vingt mille horloges apportent aux uns la peine, aux autres le bonheur.

Quand les Hottentots sont malades, outre les ligatures dont j'ai parlé, ils ont recours à quelques plantes médicinales qu'une pratique usuelle leur a fait connoître. Ils ont parmi eux quelques hommes plus instruits en cette partie et qu'ils consultent ; cependant comme il n'y a point de science plus occulte que la médecine, et que les maladies internes ne parlent point aux yeux d'une manière sensible, ils sont fort embarrassés pour les gouverner ; mais à cela près de quelques victimes, ils en imposent tout autant que chez nous par leur grimoire, et démontrent clairement que la maladie étoit incurable quand le malade est mort. Ils s'entendent un peu mieux à panser et à guérir les plaies, même à remettre des luxations ou des fractures : il est rare de voir un Hottentot estropié.

Un sentiment bien délicat pour des sauvages les fait se tenir à l'écart lorsqu'ils sont malades, rarement les apperçoit-on ; il semble qu'ils soient honteux d'avoir perdu la santé : certes il n'entre jamais dans l'imagination d'un Hottentot d'exposer son état pour exciter les secours et la commisération ; c'est un moyen forcé, mais inutile dans un pays où tout le monde est compatissant.

Ils n'ont nulle idée de la saignée et de

l'usage que nous en faisons ; je ne crois pas qu'il se trouvât chez eux un seul homme de bonne volonté, qui consentît à se laisser faire cette opération. A l'égard des Hottentots-colons, comme ils se sont habitués aux mœurs européennes, ils en ont aussi gagné les maladies, et adopté les remèdes.

L'opération que font les médecins dont parle ce fameux Kolbe, l'usage qu'il prête aux Hottentots des déserts, de consulter les entrailles d'un mouton, de pendre au cou du malade la coiffe de l'animal, de l'y laisser pourrir, et tous les contes de cette espèce, furent écrits pour le peuple, et sont, tout au plus, dignes d'amuser le peuple. Là où il n'y a ni religion, ni culte, il ne peut exister de superstition. Il est encore moins vrai que, dans la horde, ces médecins prétendus jouissent d'un grade supérieur aux prêtres. Il n'y a, pour être plus exact, ni médecins, ni grades, ni prêtres, et dans l'idiome hottentot aucun mot n'exprime aucune de ces choses.

Pour sentir jusqu'à quel point erra l'imagination de ce visionnaire, il suffit de lire dans son ouvrage qu'un médecin hottentot employa le vitriol romain pour guérir un malade de la lèpre. Comment ces sauvages auroient-ils appris à connoître ce sel qui ne se trouve point chez eux, puisqu'il est le résultat d'une opération chimique? Il falloit du moins, pour donner quelque vraisemblance à une pareille balourdise, supposer des connoissances à ces peuples, leur prêter nos arts, nos alambics, nos fourneaux et tout l'attirail de la pharmacie.

Dès qu'un Hottentot expire, on l'ensevelit dans son plus mauvais kros, on ploie ses membres de manière que le cadavre en soit entièrement enveloppé. Ses parens le transportent à une certaine distance de la horde, et le déposant dans une fosse creusée à cette intention et qui n'est jamais profonde, ils le couvrent de terre, ensuite de pierres s'ils en trouvent dans le canton : il seroit difficile qu'un pareil mausolée fût à l'abri des atteintes du jakal et de l'hiène : le cadavre est bientôt déterré et dévoré.

Quelque mal rendu que soit ce dernier devoir, le Hottentot sur ce point mérite peu de blâme, lorsqu'on se rappelle les cérémonies funèbres de ces anciens et fameux Parsis attachés encore aujourd'hui à l'usage constant d'exposer leurs morts sur des tours élevées ou dans des cimetières découverts, afin que les corbeaux et les vautours viennent s'en repaître et les emporter par lambeaux.

Le sauvage, en déposant avec respect les restes inanimés de son père, de son ami dans la terre, charge les sels et les sucs dissolvans qu'elle renferme, de la tranquille et lente décomposition du cadavre; s'il ne réussit pas toujours au gré de son attente et qu'il ne retrouve plus les cendres de ce qui lui fut cher, il s'afflige, il se lamente, et montre assez toute la piété de ses mœurs et l'humanité religieuse de son caractère.

Quand c'est un chef de horde qu'on a perdu, les cérémonies augmentent, c'est-à-dire que le tas de pierres et de terre sous lequel on l'ensevelit est plus considérable et plus apparent.

Si le mort est regretté, la famille est plongée dans le deuil et la consternation; la nuit se passe dans des cris et des hurlemens mêlés d'imprécations contre la mort; les amis qui surviennent augmentent les clameurs, que de loin on prendroit autant pour l'ivresse de la joie que pour les accens du désespoir : quoi qu'il en soit, les signes de leur douleur ne sont pas équivoques pour celui qui vit au milieu d'eux; j'en ai vu qui versoient des larmes abondantes et bien amères.

M. Sparmann avoit été témoin, dans les colonies, d'une scène qu'il raconte ainsi : « Deux vieilles femmes secouoient et » frappoient à coups de poing un de leurs » compatriotes mourant ou même déjà mort, » et lui crioient aux oreilles des reproches » et des paroles consolantes ».

Il ne faut pas s'abuser sur un conte de cette espèce. Si ces femmes avoient été persuadées que le jeune homme fût mort, elles auroient certainement supprimé de leurs caresses les tiraillemens et les coups de poing; mais ces mouvemens que le docteur présente comme les agitations convulsives du désespoir, n'étoient qu'un moyen de remplacer les liqueurs spiritueuses auxquelles on a toujours recours en Europe, pour éclaircir un doute aussi fâcheux, et dont ces peuples sont privés. L'agitation violente employée par les deux vieilles, est un remède aussi efficace et qui produit apparemment de bons effets, puisque monsieur

Sparmann ajoute qu'il opéra la résurrection du malade.

La petite-vérole, qui a si souvent ravagé les kraals hottentots des colonies, n'a jamais paru qu'une seule fois chez les Gonaquois; elle leur enleva plus de la moitié de leur monde; ils la redoutent au point, elle leur inspire tant d'horreur, qu'à la première nouvelle qu'elle attaque une des colonies, ils abandonnent tout et s'enfuient dans le plus profond du désert; malheur à ceux de leurs malades qu'ils soupçonneroient en être atteints! Convaincus qu'il n'est aucun remède à ce fléau dangereux, que ce soit un père, une épouse, un enfant, peu importe, la voix du sang paroît se taire; on les abandonne à leur malheureux sort; privés de secours, il faut qu'ils périssent de faim, si ce n'est des accès de leur mal.

Cette frayeur, bien naturelle à des peuples sauvages, ne contredit point leur piété si sainte et la pureté de leurs mœurs; l'image de la dévastation de leurs hordes, toujours présente à leur imagination, est bien faite pour les porter un moment à l'abandon des plus sacrés devoirs; mais on est révolté de lire dans des auteurs anciens, et d'entendre un voyageur moderne répéter d'après eux, que les Hottentots, lorsqu'il leur prend fantaisie de changer leur domicile, abandonnent, sans pitié comme sans regret, leurs vieillards et tout ce qui leur est inutile et pourroit contribuer à retarder leur marche; cette assertion ne doit pas être présentée comme une règle, un usage général : à moins qu'ils ne se trouvent dans une circonstance aussi impérieuse et fatale que celle dont je viens de parler, ou dans la guerre, quelles raisons peuvent les contraindre à hâter plutôt qu'à ralentir leur marche? Au reste, je ne croirai jamais que le Hottentot en agisse ainsi sans éprouver de longs et de mortels regrets.

Attaqué par un ennemi supérieur, hors d'état de repousser la force par la force, on se disperse, on s'éloigne comme on peut, et c'est dans ce cas le seul parti raisonnable qu'on puisse prendre. On est bien forcé malgré soi quand on est surpris par l'ennemi, de laisser en arrière les vieillards, les malades, les traîneurs, tout ce qui ne peut suivre. Quel est l'homme assez mal instruit des suites désastreuses de la guerre, pour faire aux Hottentots un crime d'une nécessité sous laquelle l'Européen même ne seroit pas exempt de plier?

Je vais plus loin, et je ne crains pas de tout dire. Les sauvages ne balancent pas à employer ce même expédient contre la famine, malheur non moins redoutable que la petite-vérole et la guerre, quand ils en sont attaqués; dans ce cas, l'abandon de quelques individus, que d'ailleurs on ne pourroit sauver, devient un sacrifice nécessaire au bien de tous; ceux qui fuient ne sont pas sûrs eux-mêmes d'échapper au fléau général. Plus des trois quarts périssent dans la route, au milieu des sables et des rochers, brûlés par la soif, et consumés par la faim; le petit nombre qui survit, fait de longues marches avant d'avoir trouvé quelques légères ressources.

Tels sont les trois motifs qui prêtent aux Hottentots une barbarie à laquelle ils se voyent contraints par une force plus invincible que le devoir et l'amour. La nature ne peut rien dans ces cœurs timides et simples; mais, pour s'endormir un moment, elle n'en est pas moins forte et moins grande, et les calamités publiques pour des peuples qui n'ont pas la première des combinaisons de nos arts, et nul moyen de les appaiser, si ce n'est la plus prompte fuite, ne peuvent être le creuset pour les éprouver ni la règle de les juger.

On ne donnera pas, je l'espère, pour un quatrième exemple de leur barbarie, ces émigrations indispensables auxquelles les assujettit la différence des saisons. Une sécheresse extraordinaire a tari les sources et les lagunes qui les environnoient ; un soleil dévorant a brûlé tous les pâturages ; une épizootie se déclare dans les environs ; l'une ou l'autre de ces causes les force à changer de demeure ; mais cette translation nécessaire se fait toujours tranquillement, sans confusion, quoiqu'avec promptitude. On éloigne d'abord les troupeaux ; on place les vieillards et les impotens sur des bœufs ; on ne laisse personne derrière soi ; tous les effets précieux sont en avant ; et tous ensemble voyageant paisiblement, vont planter le piquet et s'établir dans le premier endroit qui convient à leur manière de vivre ainsi qu'à leurs besoins. J'ai souvent rencontré des hordes qui avoient été obligées de s'expatrier pour quelqu'un de ces motifs ; les vieillards, les malades, tout étoit de la par-

tie. Combien de fois avec quelques bouts de tabac, mieux encore quelques verres de liqueur qui ranimoient et faisoient sourire ces pauvres gens, n'ai-je pas eu la satisfaction de voir couler les larmes de la reconnoissance? et lorsque me séparant d'eux et reprenant ma route, j'arrivois le jour même ou le lendemain sur la place qu'ils avoient abandonnée, j'avois beau examiner ces lieux et fureter dans tous les environs, je ne trouvois nulle trace de l'insensibilité dont on les accuse; toutes les huttes étoient enlevées, les effets, les animaux domestiques, tout avoit suivi.

Les enfans, ou à leur défaut les plus proches parens d'un mort, s'emparent de ce qu'il laisse; mais la qualité de ce chef n'est point héréditaire. Il est toujours nommé par la horde; son pouvoir est bien limité. Maître de faire le bien qu'il veut, il ne l'est en aucun cas de faire le mal: il ne porte aucune marque extérieure de distinction; il n'est pas plus privilégié que les autres, si l'on excepte toutefois l'usage d'aller à son tour garder les bestiaux qui sont en campagne. Dans les conseils son avis prévaut, s'il est jugé bon; autrement on n'y a nul égard. Quand il s'agit d'aller au combat, on ne connoît ni grade ni divisions, ni généraux ni capitaines ; tous sont soldats ou colonels. Chacun attaque ou se défend à sa guise; les plus hardis marchent à la tête; et lorsque la victoire se déclare, on n'accorde pas à un seul homme l'honneur d'une action que le courage de tous a fait réussir, c'est la nation entière qui triomphe.

De toutes les nations que j'ai vues jusqu'ici, la Gonaquoise est la seule qu'on puisse regarder comme libre; bientôt peut-être ces peuples seront obligés de s'éloigner ou de recevoir les loix du gouvernement. Toutes les terres de l'est étant généralement bonnes, les colonies cherchent à s'étendre de ce côté le plus qu'elles peuvent; leur avarice y réussira sans doute un jour. Malheur alors à ces peuplades fortunées et tranquilles! les invasions et les massacres détruiront jusqu'aux traces de la liberté. C'est ainsi qu'ont été traitées toutes ces hordes dont parlent les auteurs anciens, et qui par démembremens avilis et foibles, sont tombées dans la dépendance absolue des Hollandais. L'existence des Hottentots, leurs noms et leur histoire passeront alors pour des fables, à moins que quelque voyageur, curieux d'en découvrir les restes, n'ait assez de courage pour s'enfoncer dans les déserts reculés qu'habitent les grands Namaquois où les rochers de plus en plus durcis par les temps, et les montagnes stériles et décrépites n'offrent pas un chétif plant d'arbres digne de fixer l'avidité spéculative des blancs.

Les peuplades citées par Kolbe, sous les noms de *Gunjemans* et de *Koopmans*, n'ont jamais existé.

Le nom de *Gunjemans* ne signifie rien dans le langage hottentot; ce nom fut corrompu par quelque voyageur, qui, n'entendant point la langue du pays, l'aura mal écrit: il falloit écrire *Goed-mans* ou *Goejemans*, deux mots hollandais qui signifient bons-hommes ou bonnes-gens; qualification qu'ont donnée les premiers colons à tous les Hottentots en général, parce qu'ils les trouvoient tranquilles et fort accommodans.

Koop-mans a pareillement été donné à ceux qui ont fait les premiers échanges; ce sont deux mots qui signifient en très-bon hollandais, négociant ou marchand, mais qui ne conviennent pas plus à une nation qu'à toute autre; c'est ainsi que ne comprenant point les langues d'un pays, un voyageur en retient mal les expressions, les orthographie plus mal encore, et fait un nom sauvage avec un barbarisme. Les mœurs et tout ce qui concerne les divers peuples étrangers ne seront jamais exactement décrits si l'on n'en parle les divers langages.

Si, par exemple, les auteurs qui ont avancé que les Hottentots adorent la lune, avoient compris le sens des paroles qu'ils chantent à sa clarté, ils auroient senti qu'il n'est question ni d'hommages, ni de prières, ni d'invocations à cet astre paisible; ils auroient reconnu que le sujet de ces chants étoit toujours une aventure arrivée à quelqu'un d'entr'eux ou de la horde voisine, et qu'autant improvisateurs que les nègres, ils peuvent chanter toute une nuit sur le même sujet en répétant mille fois les mêmes mots. Ils préfèrent la nuit au jour, parce qu'elle est plus fraîche, et qu'elle invite à la danse, aux plaisirs.

Lorsqu'ils veulent se livrer à cet exercice, ils forment, en se tenant par la main, un cercle plus ou moins grand, en proportion du nombre des danseurs et des danseuses toujours symmétriquement mêlés. Cette chaîne se fait et tournoie de côté et d'autre; elle se quitte par intervalle pour marquer la mesure. De temps en temps chacun frappe des mains sans rompre pour cela la cadence; les voix se réunissent aux instrumens, et chantent continuellement HOO! HOO! C'est le refrain général. Quelquefois un des danseurs quittant le cercle, passe au centre; là, il forme à lui seul une espèce de pas anglais, dont tout le mérite et la beauté consistent à l'exécuter avec autant de vîtesse que de précision, sans bouger de la place où son pied s'est posé; ensuite on les voit tous se quitter les mains, se suivre nonchalamment les uns après les autres, affectant un air triste et consterné, la tête penchée sur l'épaule, les yeux baissés vers la terre qu'ils fixent attentivement; le moment qui suit voit naître les démonstrations de la joie, de la gaîté la plus folle; ce contraste les enchante quand il est bien rendu. Tout cela n'est au fond qu'un assemblage alternatif de pantomimes très-bouffonnes et très-amusantes. Il faut observer que les danseurs font entendre sans cesse un bourdonnement sourd et monotone, qui n'est interrompu que lorsqu'ils se réunissent aux spectateurs pour chanter en chorus le merveilleux HOO ! HOO ! qui paroit être l'ame et le point d'orgue de ce magnifique charivari. On finit assez ordinairement par un ballet général ; c'est-à-dire que le cercle se rompt, et qu'on danse pêle-mêle comme chacun l'entend : on voit alors l'adresse et la force briller dans tout leur jour. Les beaux danseurs répètent, à l'envi l'un de l'autre, ces sauts périlleux et ces gargouillades, qui, dans nos grandes académies de musique, excitent des *ha ha* tout aussi bien mérités et sentis que les *ho ho* d'Afrique.

Les instrumens qui brillent là par excellence, sont le *goura*, le *joum-joum*, le *rabouquin* et le *romelpot*.

Le *goura* a la forme d'un arc de Hottentot sauvage. Il est de la même grandeur ; on attache une corde de boyau à l'une de ses extrémités, et l'autre bout de la corde s'arrête par un nœud dans un tuyau de plume applatie et fendue. Cette plume déployée forme un triangle isocèle très-alongé, qui peut avoir environ deux pouces de longueur ; c'est à la base de ce triangle qu'est percé le trou qui retient la corde ; et la pointe se repliant sur elle-même, s'attache avec une courroie fort mince à l'autre bout de l'arc ; cette corde peut être plus ou moins tendue selon la volonté du musicien ; lorsque plusieurs *gouras* jouent ensemble, ils ne sont jamais montés à l'unisson : tel est ce premier instrument qu'on ne soupçonneroit point être un instrument à vent, quoiqu'il ne soit certainement que cela. On peut en voir la figure dans la planche XVIII, à côté de la Hottentote. On le tient à-peu-près comme le cor de chasse : le bout de l'arc, où se trouve la plume, est à la portée de la bouche du joueur ; il l'appuie sur cette plume, et, soit en aspirant, soit en expirant, il en tire des sons assez mélodieux ; mais les sauvages qui réussissent le mieux, ne savent y jouer aucun air ; ils ne font entendre que des sons flûtés ou lourrés, tels que ceux qu'on tire d'une certaine manière du violon et du violoncelle. Je prenois plaisir à voir l'un de mes compagnons nommé *Jean*, qui passoit pour un virtuose, régaler pendant des heures entières ses camarades qui, transportés, ravis, l'interrompoient de temps en temps, en s'écriant : « Ho ! que celle-là est charmante !... recom- » mence-la » ! Jean recommençoit, mais ce n'étoit plus la même ; car, comme je le disois, on ne peut suivre aucun air sur cet instrument, dont tous les tons ne sont dus qu'au hasard et à la qualité de la plume. Les meilleures sont celles qu'on tire de l'aile d'une espèce d'outarde; quand il m'arrivoit d'abattre un de ces animaux, j'étois toujours sollicité à faire un petit sacrifice pour l'entretien de notre orchestre.

Le goura change de nom quand il est joué par une femme, uniquement parce qu'elle change la manière de s'en servir; il se transforme en *joum-joum*. Assise à terre, elle le place perpendiculairement devant elle, de la même façon qu'on tient les harpes en Europe; elle l'assujettit par le bas en passant un pied entre l'arc et la corde, observant de ne point la toucher; la main gauche tient l'arc par le milieu; et, tandis que la bouche souffle sur la plume, de l'autre main la musicienne frappe la corde en différens endroits avec une petite baguette de cinq ou six pouces, ce qui opère quelque variété dans la modulation; mais il faut approcher l'oreille pour saisir distinctement la dégradation des sons. Au reste, cette manière de tenir l'instrument m'a frappé; elle prête des graces à la Hottentote qui en joue.

Le *rabouquin* est une planche triangulaire, sur laquelle sont attachées trois cordes de boyau soutenues par un chevalet, et qui se tendent à volonté, par le moyen de chevilles, comme nos instrumens européens; ce n'est autre chose qu'une guitare à trois cordes; tout autre qu'un Hottentot en tireroit peut-être quelque parti, et le rendroit agréable; mais celui-ci se contente de le pincer avec ses doigts, et le fait sans suite, sans art, et même sans intention.

Le *romelpot* est le plus bruyant de tous les instrumens de ces sauvages; c'est un tronc d'arbre creusé, qui porte deux ou trois pieds, plus ou moins, de hauteur: à l'un des bouts on a tendu une peau de mouton bien tannée, qu'on frappe avec les mains, ou pour parler plus clairement, avec les poings, quelquefois même avec un bâton: cet instrument, qui se fait entendre de fort loin, n'est pas, à coup sûr, un chef-d'œuvre d'invention; mais, dans quelque pays que ce soit, c'est assez la méthode de remplacer par du bruit ce qu'on ne peut obtenir du goût.

Peut-être me suis-je un peu trop appesanti sur la description des danses et des divers instrumens des Hottentots; ceux-ci, comme on le voit, ne sont pas bien curieux; mais ce détail, qui tient par quelque côté aux mœurs des sauvages, ne méritoit pas non plus d'être entièrement négligé.

Tout près de la nature, et sous sa garde immédiate, le sauvage n'a nul besoin de nos orchestres bruyans et bien harmonieux pour s'exciter, dans ses fêtes, aux vives démonstrations du plaisir et de la joie; la modulation bornée et monotone de sa musique lui suffit, et je crois même qu'il s'en passeroit volontiers, et ne sauteroit pas moins bien.

Dans son *Choix de lectures géographiques*, un de nos auteurs modernes, qui s'est fait une loi d'étudier les hommes en même temps qu'il décrivoit les lieux, observe avec beaucoup de sagacité, « que, dans un état » policé, la danse et le chant sont deux arts; » mais qu'au fond des forêts ce sont presque » des signes naturels de la concorde, de » l'amitié, de la tendresse et du plaisir; nous » apprenons, sous des maîtres, ajoute ce » savant, à déployer notre voix, à mouvoir » nos membres en cadence; le sauvage n'a » d'autre maître que sa passion, son cœur et » la nature; ce qu'il sent, nous le simulons;

» aussi le sauvage qui chante ou qui danse » est-il toujours heureux ».

J'ai fait remarquer que les Hottentots ne s'assemblent guère que la nuit pour se divertir; les occupations journalières ne leur laissent point d'autre temps. Chacun a ses devoirs à remplir. Il faut surveiller sans cesse les troupeaux épars dans les champs, non-seulement pour empêcher qu'ils ne s'égarent, mais pour les garantir de l'atteinte des animaux carnassiers qui les épient continuellement; il faut les panser et les traire deux fois par jour; il faut travailler aux nattes, amasser le bois sec pour les feux du soir; il faut pourvoir à sa subsistance, et chercher des racines: ces dernières occupations appartiennent particulièrement aux femmes. Les hommes, de leur côté, vont à la chasse, font la revue des piéges qu'ils ont tendus en divers endroits, fabriquent les flèches et tous les instrumens dont ils ont besoin; et quoique ces instrumens et tous les ouvrages de leurs mains soient en général assez mal tournés et grossiers, ils exigent de leur part beaucoup de temps et de peines, parce qu'ils sont privés d'une foule d'outils si nécessaires pour abréger le travail ; et toujours l'adresse chez eux est bien moins admirable que la patience.

Il seroit étonnant que ces peuples, que j'ai si souvent fréquentés, avec lesquels j'ai vécu si long-temps, eussent été assez adroits ou assez faux pour se cacher de moi, au point que je ne me fusse jamais apperçu, ni par leurs discours, ni dans leur pratique de vivre, d'aucun signe ou d'aucun acte de superstition. Je me garderai bien de donner comme des usages religieux certaines privations qu'ils s'imposent eux-mêmes, et qui paroissent si naturelles et si simples quand on s'est donné la peine de les approfondir; par exemple, ils ne mangent presque jamais du lièvre ni de la gazelle, nommée *duykers*; le lièvre est à leurs yeux un animal informe qui les dégoûte, la viande du duykers leur semble trop noire; en outre, ces deux animaux sont toujours d'une maigreur extrême, raison suffisante pour qu'ils les rejettent; mais la preuve la plus frappante que nulle idée chimérique ne les prive de cette ressource, c'est qu'au besoin et dans les momens de disette, je les ai vus se tenir heureux d'y pouvoir recourir. De ce qu'un Hollandais se révolteroit à la vue du plat de limaçons de vignes ou de grenouilles le mieux apprêté, tandis que le Français s'accommode de ce mets peu délicat, s'ensuit-il que le dégoût du Batave doive être regardé comme une abstinence religieuse ordonnée par le consistoire ?

Avant d'annoncer comme un des rites essentiels des Hottentots, la cérémonie de se couper une phalange, soit du doigt, soit du pied, avant de lui attribuer la semi-castration pour le même motif, il étoit raisonnable de constater d'abord la vérité de ces deux faits. Kolbe les avoit ouï raconter comme bien d'autres; mais il ne les avoit jamais éclaircis : il le prouve assez, lorsqu'il attribue ces usages à tous les Hottentots indistinctement; ce qui n'est pas moins faux que toutes les autres assertions de cet auteur. M. Sparmann tombe également dans la plus étrange des erreurs, lors même qu'il soutient, contre ce Kolbe, que la semi-castration n'est pratiquée nulle part. Ces deux cérémonies ont lieu encore actuellement chez deux nations situées au nord du Cap, l'une sous le vingt-huitième degré de latitude, savoir les *Geissiquois*, et l'autre vers le tropique, chez les *Kooraquois*, peuples chez lesquels j'ai trouvé les giraffes, et dont je parlerai dans mon second Voyage : assurément le philosophe Kolbe n'a jamais pénétré jusques-là, si ce n'est en songe.

Le docteur Sparmann s'est toujours laissé tromper, lorsqu'au sujet des Gonaquois il penche à croire que ces hordes se circoncisent. Les colons me l'avoient assuré comme à lui; c'étoit une puissante raison d'en douter; mais jusqu'ici plus à la portée que personne de m'éclairer sur un fait aussi important, j'atteste au contraire que cette nation, et tous les Hottentots sans exception, ont le prépuce d'une grandeur démesurée, caractère qui les distingue assez des autres sauvages et qui n'a point été certainement remarqué.

Il en est de même de ce tablier révoltant des Hottentotes, auquel on a fait jouer si long-temps un rôle ridicule dans l'histoire, ou plutôt la fable de ces peuples; une autre bizarrerie qui découle toujours de la même source, le leur a retranché non moins légèrement, quoiqu'il soit toujours de mode chez une horde dont je vais parler incessamment; je dis qu'il est de mode, car, bien loin qu'il soit un présent de la nature, on doit le regarder comme un des raffinemens les plus monstrueux qu'ait jamais inventés je ne sais quelle coquetterie toute particulière à un très-petit coin du monde connu.

Quelques auteurs anciens ont écrit que les familles de sauvages couchent pêle-mêle dans une même hutte, et ne connoissent point les différences de l'âge, ni cette horreur invincible qui sépare les êtres rapprochés par le sang. A la vérité, ces sauvages bornés au strict nécessaire, n'ont point imaginé de sauver par une décence apparente toute la turpitude d'une inclination monstrueuse, et l'on ne voit point chez eux appartement pour le frère, appartement pour la sœur, appartemens pour la mère et pour le fils; mais conclure de ce qu'ils n'ont qu'un même toit, qu'un même grabat, qu'une même natte pour se délasser des travaux du jour, qu'ils vivent à l'instar des animaux, c'est outrager la nature, et calomnier l'innocence : il n'y a qu'un auteur mal instruit ou mal intentionné, qui se soit permis d'accréditer ces soupçons infâmes. Oui, toute une famille habite une même hutte : oui, le père se couche avec sa fille, le frère avec sa sœur, la mère avec son fils; mais, au retour de l'aurore, chacun se lève avec un cœur pur, et sans avoir à rougir devant l'auteur des êtres, ou l'une des créatures qu'il a marquées du sceau de sa ressemblance. Le sauvage n'est ni brute ni barbare. Le vrai monstre est celui qui voit le crime par-tout où il le suppose, et qui l'affirme sur l'odieux témoignage de sa conscience.

J'ai visité plus d'une peuplade de sauvages, et n'ai trouvé par-tout que retenue et circonspection chez les femmes ; je puis ajouter aussi chez les hommes. L'auteur que j'ai si souvent contredit rend hommage à la vérité, lorsqu'il confesse que, d'après la nudité des sauvages, on les jugeroit mal, si l'on croyoit qu'ils ont aussi peu de modestie que de voile; qu'il a eu de la peine à trouver des hommes qui, sous l'appât même des présens, consentissent à déranger assez leurs jackals pour qu'il pût se convaincre par ses yeux s'ils étoient ou n'étoient point circoncis.

J'ai dit ailleurs que le commerce avec les blancs étoit la ruine et le fléau des mœurs; les Hottentots des colonies en fournissent une preuve trop frappante : ceux du désert n'étant point d'une nature différente, céderont peut-être un jour à la séduction, si elle arrive jusqu'à eux, et se laisseront entraîner par l'exemple. Lorsque M. Forster, dans son *Voyage autour du monde* avec le capitaine Cook, nous apprend que les femmes de l'île de Pâques étoient des *courtisannes lubriques*, il ne nous cache pas que les matelots de son équipage se livroient ouvertement et sans pudeur aux plus infâmes débauches avec elles; mais ce qu'il falloit ajouter sans crainte, c'est que les femmes sauvages, une fois visitées par des Européens corrompus, et trop instruites de leurs inclinations perverses, se livrent sans réserve à tous ceux à qui il plaît de s'en emparer, et les servent à leur goût, sans doute, dans la seule frayeur des extrémités cruelles dont les blancs sont capables.

Par-tout où l'envie de m'instruire m'a fait entamer cette matière avec les femmes que j'ai rencontrées, j'en ai toujours reçu la réponse uniforme et simple qu'elles adressent à tous ceux qui les soupçonnant de communications incestueuses, cherchent à s'en éclaircir par leurs propres aveux. « Vous » nous assimilez donc aux bêtes, me disoient-

» elles ; les bêtes seules sont capables de faire » ce que vous dites ».

Puissé-je ne me pas tromper ! je crois à la vertu pour ceux même qui ne connoissent pas ce mot, et n'ont point fait d'immenses commentaires sur l'idée qu'il renferme. Ce sentiment inné dans le cœur de l'homme, quand l'exemple et l'éducation ne l'ont pas corrompu, lui fut donné en signe de sa noblesse et de sa distinction. L'horreur de s'unir à son propre sang, est un des plus grands caractères par lequel le créateur voulut séparer l'espèce humaine de la classe des animaux ; et la plus infâme dépravation brisa seule cette barrière insurmontable.

J'ose donc attester que, s'il est un coin de la terre où la décence dans la conduite et dans les mœurs soit encore honorée, il faut aller chercher son temple au fond des déserts. Le sauvage n'a reçu ces principes ni de l'éducation ni des préjugés, il les doit à la nature ; l'amour en lui n'est qu'un besoin très-borné ; il n'en a point fait, comme dans les pays civilisés, une passion tumultueuse qui traîne le désordre et le ravage après elle. En vain, à l'exemple de Buffon, tenterois-je de déraciner cette fièvre de l'ame, cette maladie des imaginations exaltées ; je ne briserai point un autel couvert des riches présens des romanciers et des poëtes, j'aurois trop à combattre ; et la divinité qui doit sa naissance à d'aussi belles chimères, ameuteroit contre moi ses brames et ne me pardonneroit pas ce grand sacrilége.

Un physionomiste, ou, si l'on veut, un bel-esprit moderne, réjouiroit les cercles en assignant au Hottentot, dans la chaîne des êtres, une place entre l'homme et l'orang-outan : je ne puis consentir à lui donner ce portrait ; les qualités que j'estime en lui ne sauroient le dégrader à ce point, et je lui ai trouvé la figure assez belle, parce que je lui connois l'ame assez bonne. Il faut pourtant convenir qu'il a dans les traits un caractère particulier qui le sépare en quelque sorte du commun des hommes ; les pommettes de ses joues sont très-proéminentes, de telle sorte que son visage étant fort large dans cette partie, et la mâchoire, au contraire, excessivement étroite, sa physionomie va toujours en diminuant jusqu'au bout du menton ; cette configuration lui donne un air de maigreur qui fait paroître sa tête très-disproportionnée et trop petite pour un corps ordinairement gras et bien fourni; son nez plat n'a quelquefois pas six lignes dans sa plus grande élévation; ses narines, en revanche, sont très-ouvertes, et dépassent souvent, en hauteur, le dos de son nez; sa bouche est grande et meublée de dents petites, bien perlées et d'une blancheur éblouissante; ses yeux très-beaux et bien ouverts inclinent un peu du côté du nez comme ceux des Chinois: à l'œil ainsi qu'au toucher, on voit que ses cheveux ressemblent à de la laine; ils sont courts, frisés et d'un noir d'ébène; il ne porte que très-peu de poil, encore a-t-il soin de s'épiler: ses sourcils, naturellement dégarnis, sont exempts de ce soin; la barbe ne lui croît que sous le nez et à l'extrémité du menton; il ne manque point de l'arracher à mesure qu'elle se montre; cela lui donne un air efféminé qui, joint à la douceur naturelle qui le caractérise, lui enlève cette imposante fierté commune à tous les hommes de la nature, et qui leur a mérité le superbe titre de roi.

Quant aux proportions du corps, le Hottentot est parfaitement moulé. Sa démarche est gracieuse et souple; tous ses mouvemens sont aisés, bien différens des sauvages de l'Amérique méridionale, qui ne paroissent avoir été qu'ébauchés par la nature.

Les femmes, avec des traits plus fins, ont cependant le même caractère de figure; elles sont également très-bien faites, ont la gorge admirablement placée et de la plus belle forme dans la fraîcheur des ans, les mains petites et les pieds bien modelés, quoiqu'elles ne portent point de sandales; le timbre de leur voix est doux, et leur idiome, en passant par leur gosier, ne manque pas d'agrément; elles se livrent, lorsqu'elles parlent, à une infinité de gestes qui prêtent à leurs bras du développement et des graces.

Le Hottentot, naturellement timide, est également très-peu entreprenant. Son sang-froid phlegmatique et son maintien réfléchi lui donnent un air de réserve qu'il ne dépose même pas dans les momens de sa plus grande joie, tandis qu'au contraire toutes les nations noires et basanées se livrent au plaisir avec l'abandon le plus expansif et la gaîté la plus vive.

Une insouciance profonde le porte à l'inaction et à la paresse; la garde de ses troupeaux et le soin de sa subsistance, voilà sa plus grande affaire ; il ne se livre point à la chasse en chasseur, mais en homme que son estomac presse et tourmente. Du reste, oubliant le passé, sans inquiétude sur l'avenir, le présent seul le frappe et l'intéresse.

Mais il est bon, serviable et le plus généreux comme le plus hospitalier des peuples. Quiconque voyage chez lui est assuré d'y trouver le gîte et la nourriture ; ils reçoivent, mais n'exigent pas. Si le voyageur a une longue route à faire ; si, d'après les éclaircissemens qu'il demande, on connoît qu'il est sans espoir de rencontrer de si-tôt d'autres hordes, celle qu'il va quitter l'approvisionne, autant que ses moyens le lui permettent, de toutes les choses dont il a besoin pour continuer sa marche et gagner pays.

Avant l'arrivée des Européens au Cap, les Hottentots ne connoissoient point le commerce ; peut-être même n'avoient-ils entr'eux nulle idée des échanges : mais, à l'apparition du tabac et de la quincaillerie, ils se furent bientôt immiscés dans une partie des mystères mercantiles ; ces objets qui n'étoient d'abord que des nouveautés agréables, avec le temps sont devenus des besoins : ce sont les Hottentots des colonies qui les leur apportent, quand ils viennent à manquer ; car il est bon d'observer que, quelqu'empressés qu'ils soient de jouir de ces bagatelles, ils ne se donneroient pas la peine de faire un pas pour les aller chercher eux-mêmes, et préféreroient de s'en passer : leçon utile à ceux qui traînent leur vie dans l'agitation pour courir après des chimères.

Tels sont ces peuples, ou du moins tels ils m'ont paru, dans toute l'innocence des mœurs et de la vie pastorale. Ils offrent encore l'idée de l'espèce humaine en son enfance. Un trait sublime que je place ici, quoiqu'il appartienne à mon second Voyage beaucoup plus au nord du Cap et vers la côte ouest, achèvera ce tableau que j'ai tracé dans toute la candeur et la vérité de mon ame, sans éloquence, il est vrai, mais sans enthousiasme, sans vaines déclamations, avec cette naïveté de franchise qui m'est si chère, et que j'aime à professer sans cesse.

Une horde assez considérable de Kaminoukois étoit venue visiter mon camp avec cette confiance que donnent toujours des intentions honnêtes et droites, et que possèdent les hommes que leurs semblables n'ont point encore trompés. Forcé de ménager mes provisions, il ne m'étoit pas possible de régaler tout ce monde avec de l'eau-de-vie ; la troupe étoit trop nombreuse; je ne pouvois, sans imprudence, me montrer généreux : j'en fis donner un verre au chef et à ceux qui, par leur figure et plutôt encore par leur âge, me paroissoient les plus respectables. Mais à quelles ressources, à quels moyens n'a pas recours la bienfaisance, et qu'elle est ingénieuse quand elle veut se communiquer ! Quel fut mon étonnement, lorsque m'appercevant qu'ils conservoient la liqueur sans l'avaler, je les vis tous s'approcher de leurs camarades qui n'en avoient point reçu, et la leur distribuer de bouche à bouche de la même manière dont les tendres oiseaux du ciel se donnent la becquée. Je l'avouerai, cette action inattendue me troubla ; j'en demeurai stupéfait : à la vûe de cette scène touchante, quel cœur dénaturé n'eût point senti couler les larmes de l'attendrissement ! Plein d'admiration et de respect, ému jusqu'au fond de l'ame, j'allai me jeter dans les bras du chef qui, comme les autres, venoit de partager la liqueur à ceux qui l'entouroient, et j'inondai de mes pleurs sa figure vénérable. Beaux diseurs, élégantes coquettes parfumées d'ambre et de musc, criez à l'horreur et livrez-vous à vos charmantes grimaces ; les maux d'estomac, les vapeurs et tous les miasmes d'une santé débile, fruits ordinaires d'une vie honteuse consumée à trente ans, n'offroient rien de repoussant à mes célestes Kaminoukois dans cette communication si douce et si fraternelle.

Je ne me suis jamais rappelé, sans émotion, ce peuple respectable et plusieurs autres encore chez qui j'ai vu répéter la même cérémonie ; et lorsqu'en nous séparant je les voyois s'en retourner satisfaits et tranquilles : Mortels heureux, me disois-je, conservez long-temps cette précieuse innocence ; mais vivez ignorés ! Pauvres sauvages, ne regrettez point d'être nés sous un ciel brûlant, sur un sol aride et desséché qui produit à peine des bruyères et des ronces ; regardez, ah ! plutôt regardez votre situation comme une faveur signalée du ciel ; vos déserts ne tenteront jamais la cupidité des blancs ; unissez-vous aux peuplades fortunées qui n'ont pas plus que vous le bonheur de les connoître ; détruisez, effacez jusqu'aux moindres traces de cette poudre jaune qui se métallise dans vos ravines et dans vos roches ; vous êtes perdus, s'ils la découvrent ; apprenez qu'elle est le fléau de la terre, la source de tous les crimes, et redoutez sur-tout l'approche d'un Almagro, d'un Pizarre, d'un Fernand-Cortez, et surtout l'étole ensanglantée des Vanverdes.

Dans l'état de nature, l'homme est essentiellement bon ; pourquoi le Hottentot seroit-il une des exceptions de cette règle ? C'est mal-à-propos qu'on l'accuse d'être cruel ; il n'est que vindicatif. Trop sensible au mal qu'on lui fait, qu'y a-t-il de plus naturel que de repousser la force par la force ? Il nous sied bien d'ordonner aux peuples de la nature la pratique de nos vertus factices, quand les noms nous en sont à peine connus, et que leur régime n'est consenti par personne ! et la peine même du talion, la seule en usage avant que nous nous fussions avisés d'être des philosophes, qu'est-ce autre chose que le droit de rendre offense pour offense, et d'ôter la vie à qui ne craint pas d'attenter à la nôtre ?

Si les sauvages d'Afrique ou d'Amérique

s'avisoient quelque jour de rêver qu'ils vivent malheureux, privés de nos arts, de nos richesses, et de toutes les ressources de notre génie, et qu'unis ensemble, armés d'un triple fer, ils accourussent pour inonder l'Europe et nous en chasser, de quel front recevrions-nous ces barbares, et de quels traitemens nous verroit-on payer leur audace? Telle est cependant leur histoire ou la nôtre; telles sont nos tentatives entreprises dans les trois mondes avec des succès trop heureux; par-tout où il nous a plu de nous établir, nous avons réduit ces malheureux persécutés à l'esclavage, à la fuite; nous nous sommes approprié, sans scrupule, tout ce que nous avons trouvé à notre bienséance; et quand l'heure de la vengeance a sonné pour eux, et qu'ils ont mesuré leurs coups à la grandeur de nos torts, sans retour sur nous-mêmes, trop aveuglés par l'intérêt ou le fanatisme, nous avons osé les nommer des barbares, des anthropophages, des bêtes féroces nourries de meurtres, altérées de sang.

A quelle imprudence ne faut-il pas attribuer la mort du célèbre navigateur Cook? J'aime à croire que le sentiment de sa force et son caractère entreprenant, altier, ne le portèrent jamais aux excès coupables dont il périt à son tour la victime; mais le desir ardent de se venger de l'équipage indiscipliné qui marchoit à sa suite, arma contre lui les insulaires. Ses matelots épioient les femmes, osoient s'en emparer en tous lieux, en toute occasion; c'en étoit trop pour garder plus long-temps le silence. Rien n'est capable d'arrêter ces sauvages outragés : à travers la fumée des canons, au milieu du bruit de son artillerie menaçante, le chef est reconnu; on s'en empare; il est massacré à la vue même de ses soldats pour n'avoir pas su réprimer à temps leurs désordres et leurs cruautés: oui, j'ose dire leurs cruautés; car je n'ai pu voir sans indignation la barbarie avec laquelle tout son équipage se plaisoit à mutiler ces bons peuples, en les fusillant pour de légers vols de quelques bagatelles de peu de valeur en elles-mêmes; sur-tout quand on voit celui qui ordonnoit de tels forfaits se permettre lui-même de prendre, au nom de son roi, possession d'une île à laquelle la nature avoit déjà donné des maîtres. Paroîtroit-il donc moins criminel aux yeux des peuples policés, de s'emparer d'un pays sur lequel ils n'ont aucun droit naturel, que de dérober un clou, une hache, ou tous autres objets de cette importance? Mais, hélas! à combien d'aussi foibles motifs ne doit-on pas attribuer la mort d'un grand nombre d'hommes, chez les nations où nous avons porté nos pas téméraires?

Le premier sentiment qu'on doive inspirer aux sauvages, quand on veut voyager chez eux, c'est la confiance. Pour gagner la leur, il faut être humain, bienfaisant, n'abuser jamais de leur foiblesse, ne leur inspirer aucune crainte, et n'en pas prendre à leur aspect: ils accordent tout, lorsqu'on n'exige rien. Il faut être assez sûr de ses passions pour garder la plus sévère continence, et ne pas convoiter leurs femmes. S'ils sont jaloux, vous avez en eux des ennemis implacables; s'ils ne le sont pas, leur complaisance à votre égard les met trop de niveau, et l'on perd à leurs yeux l'utile supériorité qui les avoit éblouis. Quand cette passion ne seroit pas générale, il est toujours quelques individus qu'elle tourmente, et l'on observe avec raison que les nations qui y sont le moins sujettes, ont aussi les mœurs plus dissolues, et s'éloignent davantage de la nature.

Pour se faire connoître avantageusement des sauvages, il faut que la supériorité du côté de la force soit toujours la dernière des facultés par lesquelles on se fasse valoir, parce qu'il n'est pas naturel de se défier de ceux qu'on ne craint pas. Tout en prenant des précautions, on doit conserver un air calme et serein, ne faire connoître et n'employer des armes, lorsqu'on voyage chez eux, que pour leur rendre des services, soit en leur procurant du gibier, soit en les aidant à détruire les bêtes féroces ennemies de leurs troupeaux. On peut, après, quitter une horde en toute sécurité, certain de n'y laisser que des regrets, et que la reconnoissance vous rappellera sans cesse à son souvenir. Plusieurs d'entr'eux ne pourront se résoudre à se séparer de vous ; ils se détacheront pour vous accompagner, et vous conduire vers une autre horde, chez laquelle, sur les témoignages avantageux de vos guides, vous êtes assuré de trouver le même amour, le même empressement, les mêmes fêtes, et tous les soins de la confiante hospitalité.

C'est avec ces principes de paix si conformes à mon humeur, que j'ai traversé une petite partie d'une immense portion de la terre, et que j'aurois parcouru l'Afrique entière, sans des obstacles insurmontables que tout mon zèle n'a pu franchir, et dont il est inutile ici de rendre compte.

C'est encore d'après ces maximes, que j'ai de plus en plus senti qu'on ne peut associer personne à ces entreprises sans courir le risque de les voir avorter. J'étois sûr de ma façon d'envisager les dangers et les moyens d'y remédier; entouré de monde et d'amis égaux en pouvoir, je n'aurois pas dû me flatter, dans des situations épineuses, de leur faire embrasser mon avis : la sottise d'un seul pouvoit causer la perte de tous; en me trompant, je n'avois à me reprocher que la mienne.

On représente les Hottentots comme une nation misérable et pauvre, superstitieuse et féroce, indolente et mal-propre à l'excès; enfin on la ravale de toutes les manières. Quand il y auroit dans ces assertions légères une assertion qui approchât de la vérité, il valoit mieux, pour en supprimer l'exagération outrée, s'en tenir simplement aux contes déjà si absurdes de ces ennuyeux colons, qui se plaisent à tromper un étranger, par cela seul qu'il espère s'instruire en les écoutant. Il falloit parler d'après sa propre expérience, et ne rien dire de plus que ce qu'on avoit vu. C'est alors, par exemple, que dans l'ouvrage du docteur Sparmann, très-estimable à plus d'un égard, les observations intéressantes et qu'il a bien décrites ne se trouveroient point noyées dans un déluge de récits très-apocryphes de chasses, de lions, d'éléphans, &c. plus invraisemblables et mal-adroits les uns que les autres. C'est alors, en un mot, qu'il n'eût point parlé de la licorne peut-être dessinée par un colon sur on ne sait quelle roche inhabitée, et qu'il se fût aussi gardé de substituer la forme carrée à la forme ronde des huttes de la Caffrerie, qu'il n'a jamais visitées. Je dois convenir, en faveur de ce savant, que sa candeur et sa probité lui présentoient toutes ces choses comme incontestables, du moment qu'elles lui étoient certifiées par un colon; Jan-Kock particulièrement, qu'il annonce comme l'observateur le plus habile et le plus judicieux qu'il ait connu, ne s'attendoit pas sans doute aux éloges outrés qu'il lui prodigue à la face d'une colonie, d'une ville entière qui les réprouve, et ne balance pas, pour ces erreurs seulement, à ranger auprès de Kolbe un livre utile, à plus d'un titre, si l'auteur avoit su le réduire aux matières qui lui étoient plus familières.

Je rends hommage à la vérité, quand je la trouve dans le docteur Sparmann, et rejette sur son observateur les mensonges qui me révoltent. « Mais, quand l'un ou l'autre m'as- » sure qu'il n'a jamais vu les sauvages s'es- » suyer, nettoyer leur peau ; que, pour se » détacher les mains, ils les frottent avec de » la bouze de vache ; qu'ils s'en frottent aussi » les bras jusqu'aux épaules ; que cette onc- » tion, qui n'est pas nécessaire, est de pur » ornement ; qu'ainsi la poussière et les or- » dures, se mêlant à leur onguent de suie » et à la sueur de leurs corps, s'attachent » à leur peau, la corrodent continuelle- » ment, &c. » et que M. Sparmann vient ensuite confesser qu'il n'a jamais vu ces sauvages s'essuyer, nettoyer leur peau, je trouve cette façon de raisonner fort légère, et cette logique très-inexacte ; car, si j'attestois à mon tour que je n'ai jamais remarqué que la bouze de vache fût un pur ornement pour le Hottentot, que je n'ai point vu leur peau se corroder par la sueur, les onguens et les ordures, cette assertion négative ne persuaderoit personne, et n'éclairciroit pas la question.

On ne conteste point à ces sauvages une qualité qu'ils possèdent tous sans exception, hommes, femmes, enfans, lorsqu'ils habitent sur le bord des rivières : c'est d'être les nageurs et les plongeurs les plus adroits qu'on connoisse. Que doit-on conclure de ce que j'ai rapporté des femmes que je surpris nageant et plongeant comme des poissons, sinon que cet usage qu'ils observent plusieurs fois dans le jour, les conduit nécessairement à un genre de propreté qui laisse peu de pouvoir aux onguens, ainsi qu'à la poussière, de corroder et de gâter la peau ?

Les soins et l'exactitude assidus des Gonaquois pour leur toilette, prouvent assez qu'ils aiment la propreté; tout ce qu'on peut dire, c'est qu'elle est mal-entendue; encore, pour aller jusques-là, seroit-il nécessaire d'expliquer s'ils ne sont pas contraints à se boughouer ainsi, soit par la température du climat, soit par le défaut des ressources que la nature ne leur a point indiquées ;

leurs habillemens, à la vérité, ne sont que des dépouilles d'animaux privés ou sauvages ; mais, comme je l'ai fait voir, ils ne négligent pas, ainsi qu'on a voulu le faire accroire, le soin de les purger et de les apprêter avant de s'en faire des vêtemens.

Le Hottentot n'est ni pauvre ni misérable ; il n'est pas pauvre, parce que, ses desirs ne passant point ses connaissances qui sont très-bornées, il ne sent jamais l'aiguillon de la nécessité ; la misère est un point de comparaison qu'il ne conçoit pas ; une parfaite uniformité et les mêmes ressources rendant le sort de tous parfaitement égal, quand l'abondance règne, ils sont tous heureux. Dans la disette, ils ont tous des privations; l'opposition révoltante de la richesse portée sur un char d'or, et de la misère qui traîne ses haillons dans la boue, ne sauroit affliger son cœur ; c'est une idée qu'il ne comprend pas : le spectacle de l'indigence aux abois, ce supplice des ames compatissantes, ne se reproduit point à ses yeux sous mille formes lugubres; c'est une mortification que l'homme sauvage n'essuie jamais; si l'homme social s'y habitue avec le temps, s'il parvient à ce degré d'endurcissement qui lui fait traiter d'optimisme cette inégalité des conditions si révoltante et si désastreuse, ce n'est plus un enfant avoué de la nature; elle le méconnoît, le repousse, honteuse de son propre ouvrage qu'ont défiguré d'autres mains.

Après avoir interrompu si long-temps le fil des petits événemens de mon voyage, pour établir une fois des apperçus certains sur ces Hottentots trop peu connus jusqu'à nos jours, il manqueroit quelque chose aux éclaircissemens que j'ai donnés, si je ne parlois pas d'une espèce particulière qu'on pourroit appeler *composite*, et qui ne date tout au plus que d'un siècle; je ne crois point qu'aucun voyageur en ait fait mention. Cette nouvelle espèce, un jour, en effacera d'anciennes, et l'époque de sa puissance amènera sans doute de grands changemens dans la colonie, et hâtera sa ruine. La multiplication de ces individus, qui peut devenir infinie, devroit alarmer la politique des Hollandais; mais elle dort et semble se soucier fort peu des conséquences funestes de son inertie.

Je veux parler des enfans naturels provenus du mélange des blancs avec les femmes hottentotes, et de ces mêmes femmes avec les nègres. On les nomme communément au Cap, *Basters;* cette dénomination appartient néanmoins plus particulièrement aux premiers, parce que les seconds sont moins nombreux; les Hottentotes ne se livrant pas facilement aux nègres, pour lesquels elles ont une sorte de mépris, attendu, disent-elles, qu'ils se laissent vendre comme des bêtes, au lieu d'un autre côté qu'elles se regardent comme honorées d'avoir un commerce avec les blancs, et de porter le titre de leurs maîtresses. C'est cette race provenue de ces dernières unions qui gagne et multiplie considérablement; elle est libre comme le Hottentot, mais elle s'estime au-dessus de lui, malgré le mépris qu'on en fait au Cap, où l'on n'est pas même dans l'usage de les baptiser. Le caractère de ces individus tient plus de l'Européen que du Hottentot; ils ont plus de courage, plus d'énergie que ce dernier; le travail ne les rebute point: en revanche, plus bouillans, plus entreprenans, ils ont plus de méchanceté. Il n'est pas rare de les voir assassiner les maîtres auxquels ils ont vendu leurs services; ce sont eux encore, plutôt que les nègres, qui se déclarent les premiers machinateurs des trahisons de toute espèce qui se commettent, chaque jour, sur les habitations. Le Hottentot trop doux, trop apathique pour se livrer à des entreprises atroces, n'auroit pas même assez de force pour se charger de leur exécution; les plus mauvais traitemens ne sont point capables de lui en inspirer la pensée; en un mot le colon qui n'a chez lui que des Hottentots à son service, peut dormir tranquille, certain qu'il seroit averti bientôt du danger s'il en étoit menacé.

Le baster blanc est bien fait, robuste; sa peau d'un jaune plus clair que celle du Hottentot, a la couleur d'une écorce de citron desséché; la vue en est désagréable. Ses cheveux sont noirs, plus longs et moins crépus. La communication des femmes de cette nouvelle fabrique rend, comme il est naturel de le croire, une espèce encore plus blanche dont la chevelure est aussi d'autant moins frisée; et quoiqu'en allant toujours graduellement il n'y ait plus à la fin de différence sensible avec les cheveux et la blancheur de la peau des Européens, la proéminence des pommettes des joues se fait toujours remarquer; c'est un caractère indélébile qu'on reconnoît jusqu'après la quatrième génération.

La copulation des femmes hottentotes avec les nègres donne naissance à des individus bien supérieurs à ceux dont je viens de parler : ils sont d'une stature plus belle et plus distinguée ; ils ont une figure plus agréable et plus revenante ; leur couleur qui tient le milieu entre le noir du père et le fond olivâtre de la mère, est bien moins choquante pour les yeux. Leurs qualités physiques et morales sont aussi très-différentes, on les recherche pour le travail ; mais ce qui les rend sur-tout estimables et très-précieux, c'est qu'ils joignent à beaucoup d'activité, sans turbulence, le mérite d'une fidélité qui ne se dément jamais, et qui n'est guère le partage d'aucun baster blanc ; malheureusement cette espèce-là n'est pas la dominante, à cause de la difficulté d'unir ces Hottentotes aux nègres, dont elles ne font aucun cas.

Il eût été depuis long-temps de l'intérêt public et particulier des colons d'exciter l'administration à propager cette espèce d'hommes ; les sacrifices n'auroient pas été bien onéreux, et le prix des avances et des frais se seroit retrouvé par la suite au centuple.

Nous ne sommes plus dans ces siècles d'ignorance sacrée, où tout ce qui étoit noir étoit anthropophage ; les Espagnols eux-mêmes ne croient plus aujourd'hui, comme au temps de leurs barbares incursions au Pérou, qu'une belle ame ne puisse exister que dans un corps blanc. Les voyageurs, et plus qu'eux une saine philosophie, nous apprennent qu'une vilaine enveloppe peut couvrir un diamant précieux. Parmi les diverses nations nègres qui bordent les côtes occidentales de l'Afrique, quelques-unes se distinguent des autres par un naturel plus social, par des inclinations plus nobles, par une aptitude et une énergie plus grandes ; c'est cette espèce qu'il eût fallu préférer pour la répartir dans la colonie, en lui accordant toute franchise; les colons auroient favorisé de tout leur pouvoir, l'union de ces nouveaux-venus avec les Hottentotes ; ces femmes les voyant libres, ne les auroient plus dédaignés et se seroient bientôt accoutumées avec eux : c'est alors que se fût accrue une génération d'hommes qui, réunissant au naturel pacifique et doux de leurs mères les qualités essentielles des meilleurs nègres de la Guinée, eussent fait tomber comme inutiles et même dangereux, les fers cruels de l'esclavage dans toute cette partie si précieuse de l'Afrique.

Mais ces moyens faciles et naturels, dont l'exécution n'auroit rencontré ci-devant aucun obstacle, ne seront jamais employés; il est trop tard maintenant: la race turbulente des bâtards blancs l'emporte, et l'on peut prévoir qu'un jour elle deviendra la dominante au Cap de Bonne-Espérance.

Au reste, quand ce projet seroit encore praticable, le dévouement et la bonne volonté de la compagnie hollandaise échoueroit contre les obstacles; exacte jusqu'au scrupule dans ses engagemens, on sait qu'elle est d'une générosité que toutes les associations de commerce, pour leur honneur et leur prospérité, devroient prendre pour modèle: on ne doute point qu'elle ne fît, sans balancer, tous les sacrifices nécessaires à l'exécution de ce beau plan si digne de l'immortaliser; un vice radical, le vice du gouvernement, s'y oppose. Il faudroit, avant tout, expatrier les habitans du Cap et des colonies, ou refondre au moins leur esprit pour y détruire les préjugés ridicules et anti-patriotiques qui les affectent tous.

On souffre, parce qu'il n'est plus possible d'arrêter les progrès du mal, que ces colons, si vains de leur couleur, et qu'aucun mérite personnel ne distingue de leurs esclaves; on souffre, dis-je, que ces ineptes paysans, fiers d'une fortune médiocre qu'ils ne se sont pas même donné la peine d'acquérir par leurs travaux, regardent et traitent avec mépris des hommes qui ayant bien mérité de la compagnie par les services qu'ils lui ont rendus, soit comme soldats, soit comme matelots, viennent s'établir au Cap, en vertu de la permission que leur a octroyée le gouvernement; de telle sorte que le dernier, le plus inutile des colons, ne voit jamais dans cet habile matelot ou ce brave soldat, qu'un être en quelque façon dégradé, auquel il rougiroit d'accorder sa fille; et cette fille même, élevée dans ces principes, périroit de douleur plutôt que de devenir la compagne d'un de ces défenseurs de la patrie.

Dans ces circonstances, un brave matelot ou militaire, soumis comme tous les autres hommes aux besoins et aux loix impérieuses de la nature, plus exigeante encore dans les climats brûlans que dans les pays tempérés, dans l'impuissance d'associer son sort à celui d'une blanche qui le rendroit heureux, n'a d'autre parti que de s'unir à une Hottentote; de-là cette prodigieuse quantité de basters blancs qui inondent actuellement les colonies : le sang turbulent de l'Européen circule et fermente dans leurs veines; il en peut à tous momens résulter des troubles, que les colons trop dispersés pour se réunir assez tôt, n'auront ni le temps ni le pouvoir de prévenir.

On fait monter cette race bâtarde à un sixième de tout ce qu'il y a de Hottentots dans les colonies; l'époque de ce mélange remonte tout au plus à celle de l'établissement hollandais, c'est-à-dire à cent trente-six ans. Il n'est pas difficile de présumer que, lors même que la communication avec les Hottentotes encore sauvages n'auroit pas tardé à s'établir, elle n'a dû être ni aussi facile ni aussi générale que de nos jours; et certes, d'un autre côté, la population de la colonie ne montoit pas comme aujourd'hui à vingt-quatre mille blancs. Cette observation suffiroit seule pour donner une idée de la progression identique des uns et dès autres; chaque jour la race hottentote, soumise aux colonies, s'éloigne de son caractère et de son origine; elle s'abâtardit et se confond par son mélange des nègres et des blancs; sa dégénération s'accélère; elle disparoîtra tout-à-fait. Le tempérament phlegmatique et froid du Hottentot arrête assez déjà les progrès de sa postérité, tandis que la même cause chez la femme produit un effet tout contraire, et la rend très-féconde: les Hottentotes obtiennent de leurs maris trois ou quatre enfans tout au plus; avec les nègres, elles triplent ce nombre, et plus encore avec les blancs.

Si le baster est d'un naturel méchant, s'il est hardi, vindicatif, entreprenant, perfide, seroit-ce, hélas! parce qu'il est le produit d'un blanc et d'une Hottentote, et que les enfans tiennent plus du père que de la mère? Cette présomption, tout affligeante qu'elle soit pour notre espèce, ne sera pas contredite. S'il arrive, ce qui est bien rare, qu'une femme blanche ait des privautés avec un Hottentot, le fruit qui en provient a toujours la bonhomie, les inclinations douces et bienfaisantes de son père: ces exemples, je le répète, ne sont pas fréquens : en matière d'amour, au Cap comme en Europe, les femmes montrent plus de réserve, de retenue et de délicatesse que les hommes ; ceux-ci, au contraire, ne balancent point à satisfaire leurs fantaisies, quel qu'en soit l'objet, et les dangers qui en résultent ne sont pas non plus les mêmes pour l'un et pour l'autre sexe ; mais les bâtards des blancs et des Hottentotes portent au contraire le germe de tous les vices et de tous les désordres.

Telles sont, en général, les connoissances que j'ai acquises par moi-même en vivant avec les Hottentots. Je m'arrête, de peur de fatiguer l'attention par ces détails arides, et je n'y reviendrai que lorsque l'occasion d'en parler sans ennui, se présentera d'elle-même au milieu de mes courses et des événemens de mon voyage.

Comme je me proposois de passer plus d'un jour en Afrique, mon premier soin fut d'étudier la langue de ces peuples ; je réussis dans mon projet au-delà de mon desir. Cette langue, à la vérité, fort pauvre, n'a pas besoin de mots pour exprimer des idées abstraites et trop métaphysiques ; elle n'est susceptible d'aucun ornement ; mais, pour n'avoir ni fleurs bien élégantes, ni syntaxe bien exacte, ses difficultés n'en sont pas moins inextricables, à qui n'apporteroit, dans cette étude, ni goût ni patience. Du reste, j'ai trop reçu le prix de mes peines dans cette partie de mes travaux, par toutes les jouissances que m'a procurées le pouvoir de m'entretenir librement avec eux, pour que j'aie à me repentir d'avoir ajouté la connoissance de cet idiome singulier aux diverses langues, dont les préceptes ont fait le principal objet de l'éducation très-sévère que j'ai reçue.

La langue hottentote ne ressemble point, comme l'ont écrit plusieurs auteurs anciens, « au gloussement des dindons, au bruit con» fus que font les dindes qui se battent, » aux cris d'une pie, aux huées d'un chat» huant » ; leurs sons imitent encore moins le *cri des chauve-souris*, ce qu'ont avancé Pline et Hérodote ; il suffit de comparer entr'elles toutes ces diverses assimilations, pour juger qu'il est impossible qu'une langue puisse ressembler à toutes ces choses en même temps ; il n'est pas moins faux qu'à entendre les Hottentots converser ensemble, on puisse les prendre pour un peuple de bégues. De toutes ces assertions, qui se heurtent et se contredisent, on est nécessairement conduit à penser qu'aucun des voyageurs qui ont parlé du langage hottentot, n'y a fait une attention assez sérieuse pour en donner une idée nette et précise, et que par conséquent, sans que je pénètre les motifs de leur ignorance profonde, ils se sont trompés avec autant de bonne-foi qu'ils nous trompent nous-mêmes.

Cette langue, malgré sa singularité et la difficulté de sa prononciation, n'est pas si rebutante qu'elle le paroît d'abord; elle s'apprend avec de la persévérance. J'ai connu des colons qui la parloient couramment, et je suis parvenu moi-même à me faire entendre en peu de temps; elle est en général très-difficile pour tout Européen, mais plus encore pour un Français que pour un Hollandais, un Allemand, etc. attendu que l'U, l'H et le G ne se prononcent pas autrement que dans ces deux dernières langues, c'est-à-dire l'U par l'OU, et les deux autres lettres par des expirations auxquelles le gosier français n'est pas fait, et qu'il saisit avec peine.

De tous les vocabulaires publiés dans différens ouvrages, il n'en est pas un dont on puisse comprendre un seul mot; c'est en vain qu'on voudroit en faire usage; on ne seroit point entendu, et jamais un Hottentot ne soupçonneroit même que ce fût sa langue qu'on lui parlât. Il semble qu'on se soit plu, dans tous ces vocabulaires, à retrancher le seul caractère, qui souvent fait toute la signification d'un mot; on n'y a fait nulle mention des différens clappemens de la langue, signes indispensables qui précèdent ou séparent les mots, et sans lesquels ils n'ont aucun sens clair et précis.

Ces clappemens sont de trois espèces bien distinctes; le premier que je désigne ainsi (∧), celui dont on fait le plus d'usage, le plus simple, le plus doux, et le plus facile à exécuter, s'opère en appuyant la langue sur le palais contre les dents incisives, la bouche étant fermée; c'est alors que détachant la langue avec vîtesse en même temps qu'on ouvre la bouche, ce clappement se fait sentir; ce n'est rien autre chose que ce petit bruit qui nous est assez familier, lorsqu'obsédés par un ennuyeux, nous voulons témoigner, sans parler, qu'il nous impatiente.

Le second clappement (v) est plus sonore que le premier; il suffit de détacher la langue du milieu du palais, et d'imiter parfaitement la manière qu'emploie un écuyer pour faire partir des chevaux ou pour accélérer leur marche; il ne faut, dans ce cas, employer aucune force, mais détacher simplement la langue, et le son se produit de lui-même. Si le son étoit trop articulé, il seroit alors impossible, ou tout au moins très-difficile de le lier comme il faut avec la première syllabe du mot qui doit suivre immédiatement.

C'est au clappement de la troisième espèce (△) qu'il faut donner le plus de force; il se prononce avec plus d'énergie, et se fait bien entendre; c'est celui dont on fait le moins d'usage, et qui semble le plus difficile; il demande beaucoup de peine et d'attention pour l'adapter, comme il faut, au mot qu'il précède, attendu qu'il s'exécute par une contraction singulière de la langue, qu'on retire au fond du palais, près de la gorge; on conçoit bien qu'après cette collision, elle emploie un grand mouvement pour revenir près des lèvres, articuler les mots qui doivent la suivre, sans aucun signe de repos et sans interruption.

Ces divers clappemens ont encore une modulation différente, et peuvent être plus ou moins difficiles à exécuter, suivant la lettre ou la syllabe qu'ils frappent, et avec lesquelles, comme je l'ai dit, il faut qu'ils soient liés pour ne pas faire de contre-sens. C'est-là ce qu'on peut appeler les tours de force de la langue.

Toutes ces différences paroissent peu praticables et sur-tout bien dures à l'oreille d'un Européen; telles elles m'ont peut-être paru à moi-même dans les commencemens; mais on s'y habitue, et je puis assurer que ce langage, à la fin n'est pas tout-à-fait dénué d'harmonie, et que dans la bouche d'une Hottentote il a sur-tout ses agrémens, comme l'allemand a les siens dans celle d'une aimable Saxonne.

Je conçois que, si d'après les vocabulaires qui ont paru jusqu'ici, on vouloit se mêler d'étudier cette langue, et de la parler sans être autrement instruit de ses principes, on se perdroit dans des mots vides de sens; ce ne seroit plus que confusion, que chaos rebutant, où l'imagination fatiguée ne verroit que du ridicule et de l'absurdité.

Il est à la vérité quelques mots qu'on

emploie sans ce clappement; mais ces exceptions sont très-rares.

Pour prouver combien les divers sons produits par la langue, sont nécessaires à la signification des mots, et comment ils en déterminent le sens et les divers synonymes, je vais citer un exemple qui rendra ce principe plus facile à comprendre. Le nom d'un cheval est *Aâp* en hottentot; c'est aussi celui d'une rivière; il est encore celui d'une flèche: la seule différence du clappement de la langue détermine celle de ces divers objets. Naturellement prononcé sans collision, ce mot signifie CHEVAL; avec le second clappement dont j'ai parlé, RIVIÈRE; avec le troisième, FLÈCHE; de même Λ-OU IP est un rocher, Δ-OU IP est le nom de l'outarde, Δ-KA IP, celui d'un serpent venimeux, et Λ-KA IP, du pasan, espèce de gazelle d'Afrique.

Indépendamment de ces trois espèces de clappemens dont la nécessité, comme on le voit, est indispensable, il est encore des parties de mots qui ne sont exactement que des sons produits par la gorge; mais il est impossible de les décrire, une longue habitude peut seule les graver dans la mémoire: je les désignerai par une petite croix placée au-dessus de la lettre où il faudra en faire usage.

J'ajouterai, pour être plus scrupuleusement exact, qu'un seul mot prend souvent deux significations différentes, par la brièveté ou la tenue d'une de ses voyelles.

D'après ce que je viens de dire, on peut se figurer aisément à quel point cette langue seroit difficile à écrire, de façon qu'on pût la lire et la prononcer avec la précision qu'elle exige. Il faudroit préalablement lui composer un alphabet particulier; et l'habitude des clappemens seroit le premier pas d'où dépendroit le succès; mais comme l'étude de cette langue n'entrera jamais au nombre des beaux plans d'éducation de nos élégans, qu'on n'est pas curieux d'envoyer si loin pour les former aux usages de la bonne compagnie, et que, d'un autre côté, il est inutile de fatiguer le lecteur par un dictionnaire ennuyeux, qu'il ne lira pas, je le supprime et le borne tout simplement, en faveur de quelques curieux, aux mots qui ne concernent que l'histoire naturelle.

S'il prenoit envie à quelque naturaliste de parcourir les mêmes lieux d'où je sors, il seroit trop flatté de pouvoir nommer aux

Hottentots l'animal ou la chose qu'il auroit envie de se procurer ; une nomenclature exacte et bien accentuée de tous les objets qui l'intéresseront par préférence, ne peut, je crois, que lui être utile, et ne sauroit même ici déplaire à personne. J'eusse été trop heureux qu'un autre m'eût également applani les premières difficultés ; ce dictionnaire auroit rendu le commencement de mes recherches moins rebutant et moins pénible ; je me fais un devoir de présenter aujourd'hui ce qu'autrefois j'ai si fort souhaité pour moi-même ; on trouvera ci-après les noms primitifs de la plus grande partie des animaux de l'Afrique, tels qu'ils ont toujours été connus et désignés par les Hottentots des déserts ; j'y joins aussi ceux que leur donnent les colons du Cap de Bonne-Espérance.

Il faut observer que les Hottentots des colonies, ayant oublié une partie de leur langue, défigurent ce qui leur en reste par un mélange de mauvais hollandais ; en sorte que, sans entrer dans les autres inconvéniens que cela occasionne, les animaux, par exemple, changent de nom, ou en ont plusieurs, suivant les différens cantons ou les différentes colonies; ce qui produit une confusion qu'il est bien difficile d'éclaircir, et c'est une des raisons de la préférence que mérite la nomenclature des peuples, dont le langage toujours le même, est à l'abri de tout changement et de toute altération.

NOMS FRANÇAIS.	NOMS HOLLANDAIS.	NOMS HOTTENTOTS.
L'Eléphant.	Oliphant.	Λ—Goap.
Le Rhinocéros.	Renoster.	V—Nabap.
L'Hippopotame.	Zee-Koe.	V—Kaous.
La Giraffe.	Kameel-Paerd.	Δ—Na-ïp.
Le Buffle.	Beuffle.	Λ—Ka-oop.
L'Elan-Gazelle.	Eeland.	Δ—Kaana.
Le Pasan.	Gems-Bock.	Λ—Kaïp.
Le Condouma.	Coudoe.	V—Koudou, *ou* Gaïp.
Le Bubale.	Harte-Beest.	Δ—Kamap.
Le Zèbre.	Welde-Paerd.	V—Kouarep.
Le Kwaga.	Kwaga, *ou* Welde-Ezel.	V-Nou V-Kouarep.
Le Lièvre.	Haaze.	+ Δ—Ou amp.
Un Daman.	Das, *ou* Klip-Das.	+ V—Ka oump.
Le Sanglier.	Welde-Varke.	V—Kou-Goop.
Le Tamanoir.	Erd-Varke.	Λ—Goup.
Le Porc-épic.	Yzer-Varke.	V—Nou ap.
Un Chien.	Hond.	Λ—Harip.
Des Chiens.	Honden.	Λ—Harina.
Un Rat.	Rott.	Douroup.
Une Chauve-Souris.	Vleer-Muyse.	Λ — Nouga-Bouroup.
Un Lion.	Leuw.	Gamma.

NOMS FRANÇAIS,	NOMS HOLLANDAIS.	NOMS HOTTENTOTS.
Un Tigre.	Tyger.	Garou-Gamma.
Un Chat-Tigre.	Tyger-Kat.	Λ—Ou +amp.
La Hiène.	Wolf.	Λ—Hirop.
Le Chien sauvage.	Welde-Hond.	Δ—Goup.
Le Jakal.	Jakals.	Λ—Dirip.
Le Cheval.	Paerd.	Aap.
Le Taureau.	Beull.	Karamap.
Une Vache.	Koe.	Goumas.
Un Bœuf.	Oss.	Goumap.
Un Mouton.	Schaap.	Goou.
Des Moutons.	Schaapen.	Goouna.
Un Bouc.	Bock.	Bri-ï.
Une Chèvre.	Gytt.	Tararé bris.
Un Oiseau.	Voogel.	Δ—Kanip.
L'Outarde.	Trap-Gans.	Δ—Ou ip.
La Canne-pétière.	Kor-Haan.	Λ—Haragap.
Un Faisan.	Fesant.	Koa Koa, *ou* V-Kabos.
Un Martinet.	Welde-Swaluw.	Λ- O-atsi Λ-nambro.
La Perdrix.	Patrys.	Λ— Ouri-Kinas.
Une Caille.	Kwartel.	Δ—Kabip.
Un Moineau.	Moss.	V—Kabari.
Un Vautour.	Aas-Voogel.	Λ— Gha ip.
L'Oie sauvage.	Welde-Gans.	+Gaamp.
Canard de montagne.	Berg-Eend.	Δ-Karo hei +gaamp.
Le Phénicoptère.	Flamingo.	Δ—Gaorip.
Une Tourterelle.	Tortel-Duyf.	Λ—Neis.
Une Montagne.	Berg.	Δ—Oumma.
Un Rocher.	Klip.	Λ— Ou ip. / Λ—Karip.

NOMS FRANÇAIS.	NOMS HOLLANDAIS.	NOMS HOTTENTOTS.
Une Rivière.	Rivier.	v— Aap.
Une Fontaine.	Fontyn.	∧— Aaup.
La Mer.	Zée.	Hourip.
Un Arbre.	Boom.	Haïp.
Un Chariot.	Waage.	Kouri-ïp.
Une Fleur.	Blom.	Δ—Narina.
Du Lait.	Melck.	Deip.
De l'Eau.	Waater.	v— Kama.
De la Viande.	Vleesch.	v—Gaaus.
Un Poisson.	Vis.	Δ—Ko oup.
Une Araignée.	Spen.	∧—Hous.
Un Caméléon.		v—Karou-Koup.
Un Papillon.	Kapelle.	Tabou Tabou.
Trois différentes Gazelles.	Rée-Bock.	+Gnioop.
	Duyker.	∧— A o+ump.
	Steen-Bock.	∧— Harip.
Une Mouche.	Vlig.	∧— Dinaap.
Un Serpent.	Slang.	∧—Kanou-Goup.
Une Tortue.	Schil-Pad.	∧— Onna.
Un Crapaud.	Pade.	v— Oorokoop.
Le Légouan.	L'Egouane.	v— Naseep.
Un Fusil.	Snaphan.	Δ—Kaboop.
Une Flèche.	Peyl.	Δ—Aap.
Un Arc.	Boog.	Kgaap.
Une Sagaye.	Sagaye.	∧— Aure-Koop.
Un Européen.	Europées.	v— Orée-Goep.
Un Nègre.	Swarte-Jong.	Kabop.
Un Hottentot.	Hottentot.	+Khoé-+Khoep.
Une Hottentote.	Hottentoten.	Tararé-+Khoes.

D'après ce que j'ai dit des mœurs et de la simplicité de cette nation, on peut facilement se convaincre que sa langue est pauvre; et qu'avant l'arrivée des Européens, elle a dû l'être encore davantage; ces derniers ont apporté des objets nouveaux auxquels il a fallu donner des noms; ce qui fait en même temps que le Hottentot des colonies a des expressions que n'emploie point, et que n'entendroit pas le Hottentot sauvage, à qui la plus grande partie de ces objets est inconnue.

Quoi qu'il en soit, il y a toujours, dans cette langue, beaucoup d'analogie entre la chose et le mot, pour la désigner. Par exemple, ils nomment le fusil △ KA-BOOUP; de la manière dont il faut le prononcer, le clappement et la première syllabe △ KA, imitent le bruit de la détente du chien, et celui de l'ouverture du bassinet : le reste du mot BOOUP désigne on ne peut mieux l'explosion du coup.

En général, la langue hottentote est très-expressive, et comme, en parlant, ces peuples gesticulent toujours et qu'ils représentent, pour ainsi dire, la pantomime de ce qu'ils disent, il suffit d'avoir une connoissance superficielle de leur idiome, pour comprendre aisément les choses les plus importantes.

Trois semaines bien révolues s'étoient enfin écoulées depuis le départ de mes envoyés; je n'en étois pas à faire les premières réflexions sur les causes qui pouvoient ainsi prolonger leur absence; je concentrois en moi-même toutes mes inquiétudes, ne voulant pas en donner à ceux qui m'entouroient; c'eût été leur fournir des armes contre mes projets; on ne voyoit pas sans chagrin ma résolution déterminée de pénétrer plus avant dans la Caffrerie; je surprenois quelquefois mes gens s'entretenant sur cet article et murmurant plus ou moins contre leur maître. Cependant ils m'étoient dans le fond toujours attachés; et, dans leurs discours, j'étois le principal objet de leurs agitations et de leurs craintes; ils ne balançoient point à me regarder comme un téméraire, qui, se souciant apparemment fort peu de la vie, vouloit obstinément leur faire partager le plus triste sort en les conduisant à la boucherie. Je devois trop pressentir qu'ils étoient tous d'accord pour me quitter, si je persistois dans mes résolutions; je ne les jugeois embarrassés que dans la manière dont ils exécuteroient ce complot; et sur ving-cinq de ces conjurés, j'avois découvert qu'il n'y avoit pas deux avis semblables; ceux que j'avois attachés à mon service durant la route, ne voyoient point à ce départ furtif de grandes difficultés; mais ceux que j'avois engagés chez le commandant Mulder au pays d'Auténiquois, et plus encore au Cap sous les auspices du fiscal, étoient dans le doute de savoir s'ils retourneroient ou ne retourneroient point à la ville : en un mot, ils ne pouvoient s'accorder ni prendre aucun parti.

Cependant ils m'accusoient d'avoir sacrifié mes envoyés; à la vérité ce retard me paroissoit extraordinaire; d'après ce qui m'avoit été dit par Hans, il ne leur avoit fallu que trois ou quatre jours tout au plus, pour se rendre chez le roi Pharoo. En supposant un pareil nombre pour y rester, et autant pour revenir, je trouvois, par un calcul simple, qu'ils avoient employé plus que le double du temps nécessaire à ce voyage; il falloit donc que quelqu'accident les eût retardés, ou qu'en effet les soupçons des Caffres eussent été funestes à ces malheureux? Je ne perdois pas encore toute espérance de les revoir ; j'allois flottant dans une mer d'incertitudes et ne savois à quelle idée m'arrêter, ni quels ordres donner au reste de ma troupe, pour mettre fin à leurs débats ainsi qu'à leur inquiétude. Mon brave Klaas étoit d'avis d'attendre encore, et de laisser partir ceux des rebelles qui montroient le plus d'impatience et d'humeur.

Quoi qu'il en soit, j'affectois un air tranquille, et continuois de chasser à l'ordinaire; mais une pente secrète me conduisoit machinalement du côté par où j'espérois de voir arriver mes députés : le soir, désolé de n'avoir rien vu paroître, je regagnois mon gîte pour recommencer le lendemain la même promenade inutile et si triste. C'est ainsi que nous abuse l'imagination, dans l'attente d'un objet ardemment desiré.

Enfin Klaas, un soir, vint s'enfermer avec moi dans ma tente, et mettre le comble à mes chagrins, en me témoignant qu'il perdoit tout espoir et qu'infailliblement Hans et ses camarades étoient assassinés ; que les fusils, les munitions et les armes dont ils s'étoient chargés avoient tenté les Caffres ; qu'il n'en falloit pas davantage pour que cette nation, actuellement en guerre et manquant de toute espèce de défense, et surtout de fer, se fût sur-le-champ déterminée à commettre ces meurtres pour se procurer les dépouilles de ces malheureux; qu'il me conseilloit de ne pas lasser plus long-temps le reste de ma troupe, puisque, sans leurs secours, nous nous verrions hors d'état d'avancer ni de revenir.

Je ne sentis que trop toute la force de ce raisonnement dicté par le plus vif intérêt pour ma personne, et la sûreté de mes effets que j'aurois été contraint de laisser à l'abandon, faute de bras et de secours. J'allois peut-être me laisser entraîner, et renoncer à mon engagement sacré de ne point quitter Koks-Kraal, l'unique rendez-vous où ces généreux envoyés pussent rejoindre leur maître, lorsque nous vîmes de loin un des quatre gardiens qui surveilloient mes bestiaux, accourir vers mon camp, effrayé et hors d'haleine. Il m'apprit qu'on venoit d'appercevoir, de l'autre côté de la rivière, une troupe considérable de Caffres qui se disposoient à la traverser; cette nouvelle effraya d'abord tout mon monde; la consternation se lisoit sur toutes les figures; moi seul, toujours bercé de l'espoir chimérique de revoir mes gens, ma première pensée se tourna vers eux; mais ce grand nombre qu'on venoit de m'annoncer ne cadroit guère avec ces présomptions flatteuses, et détruisoit toute l'illusion. Je dépêchai d'abord quatre fusiliers sous les ordres de Klaas, pour aller chercher et faire rentrer tous mes bœufs dans le camp; je leur recommandai d'examiner, après cela, sans se découvrir, ces étrangers qui, s'ils étoient en aussi grand nombre qu'on vouloit me le persuader, devoient en effet me devenir suspects; de les épier, et de juger par leurs démarches quelle pouvoit être leur intention. J'avois en outre expressément recommandé à Klaas, dans le cas où il reconnoîtroit mes envoyés, de me le faire entendre aussi-tôt par une décharge de ses fusiliers; mais au contraire de ne se pas montrer, si la troupe étoit de Caffres, de se mettre en embuscade, et de me dépêcher un de ses gens. Comme il partoit, arriva le troupeau que ramenoient précipitamment au logis les trois autres gardiens qui, comme leurs camarades, avoient pris l'épouvante.

De mon côté, je passai en revue toutes nos armes, et les fis charger. Mon intention n'étoit pas de commencer moi-même les premiers actes d'hostilités; mais, déterminé à attendre l'ennemi de pied ferme, je l'étois encore à le repousser de tout mon pouvoir, et je devois m'y préparer.

J'avoue que je n'étois pas tranquille, non que je craignisse l'événement d'un combat; mes armes me donnoient trop de confiance dans ma supériorité; mais j'eusse été désespéré de me voir contraint à en venir aux mains avant de m'être expliqué. Par-là, je ruinois toutes mes espérances; les intentions pacifiques que j'avois annoncées, et qui pouvoient seules me mériter la faveur de parcourir en liberté toute la Caffrerie, se trouvant démenties par ces actes hostiles, je rentrois dans la classe des colons, ces vils assassins des sauvages, et n'allois plus être regardé que comme un ennemi de plus, dont il falloit exterminer toute la caravane.

Tout en faisant mes préparatifs, une foule de réflexions contraires s'entrechoquoient dans mon esprit; j'en fus tout d'un coup distrait par une décharge, qui fut pour tout mon camp un signal de joie; d'après la consigne que j'avois donnée à Klaas, il n'étoit pas douteux qu'il n'eût reconnu mes gens.

Cependant un reste de frayeur inquiétoit encore mon monde, et j'eus toutes les peines imaginables à les rassurer entièrement; les trois gardiens de mes troupeaux, sur-tout, affirmoient que dans la troupe des Caffres, ils n'avoient pas apperçu un seul Hottentot: c'est ainsi que, passant tout-à-coup de l'espoir à la crainte, ils répandoient à présent que les coups de fusil qu'on venoit d'entendre n'annonçoient que trop une action, et que Klaas étoit aux prises avec l'ennemi.

Mais, à deux ou trois cents pas de nous, au détour d'une petite colline, je vis déboucher Klaas lui-même: il étoit seul. Je distinguai facilement, à l'aide de ma lunette, et son maintien tranquille, et jusqu'aux traits de son visage; il ne paroissoit avoir rien d'effrayant à nous annoncer; j'en fus convaincu, lorsque j'eus apperçu, quelques minutes après, toute la troupe qui, défilant par le même chemin, s'avançoit paisiblement et en bon ordre vers notre camp. Mes Hottentots mêlés parmi les Caffres, annonçoient la bonne intelligence; je reconnus Hans; ils approchoient de plus en plus. Je fis mettre bas les armes, et recommandai à tout mon monde de montrer un front calme et serein.

Combien j'étois impatient de recevoir ces députés, et d'apprendre de leurs propres bouches ce que je pouvois oser sans péril pour eux et pour moi! cependant je ne voulus point aller à leur rencontre, ni quitter mon petit arsenal, que je n'eusse entendu ces voyageurs. Lorsque les Caffres se virent à portée de la sagaye, ils s'arrêtèrent tous; et Hans, se détachant de la troupe, vint droit à moi; il m'apprit en quatre mots que j'étois libre de voyager dans la Caffrerie; que je n'avois aucun risque à courir; que j'y serois respecté comme un ami; que la nation qu'il quittoit ne pouvoit trop m'inviter à ne pas différer plus long-temps, et qu'elle me verroit avec plaisir; que je pouvois juger de l'intention générale par la confiance qu'ils me témoignoient eux-mêmes, et la liberté qu'avoient prise plusieurs d'entr'eux de venir me visiter; qu'ils m'offroient toute leur amitié, et me demandoient la mienne; qu'en un mot ils s'étoient mis en route dans l'assurance qu'on leur avoit donnée que je les recevrois bien.

Quant au retard qui nous avoit causé tant

d'alarmes, Hans m'apprenoit qu'arrivé chez les Caffres, il n'avoit pu rencontrer le roi Pharoo, qui s'étoit retiré à trente lieues plus loin de l'endroit de sa résidence; qu'après s'être arrêté quelque temps, dans l'espérance de le voir revenir, et chagrin de ne pas remplir plus heureusement sa mission, il avoit résolu de l'aller joindre; mais qu'il avoit appris d'une nouvelle horde que ce chef étoit encore reparti, et qu'on ignoroit la route qu'il tiendroit et le temps de son absence; les uns le croyoient vers les colonies, d'autres chez les *Tambouckis*, nation limitrophe de la Caffrerie, où l'on trouvoit à négocier du fer et des armes. Il ajoutoit enfin que, dans l'impossibilité de remplir mes ordres et ne sachant quel parti prendre, il avoit préféré de revenir vers moi, et de me ramener mes deux Hottentots; mais que, sur le récit avantageux qu'il avoit fait aux Caffres de mon caractère et de mes dispositions pacifiques, plusieurs s'étoient offerts d'eux-mêmes à l'accompagner, et à venir à leur tour en députation chez moi, pour m'assurer de la bienveillance générale du pays, qui, bien convaincu que je ne pouvois pas être un colon, me recevroit comme un ami, et même comme un protecteur.

Ces Caffres comptoient sur-tout que j'aurois le pouvoir de les venger d'un certain colon de Bruyntjes-Hoogte, dont ils avoient des plaintes cruelles à me faire, et dont le nom seul inspiroit l'horreur. J'ai reçu effectivement dans la suite quelques détails sur la vie de ce scélérat : des considérations particulières m'empêchent de flétrir ici son odieux nom ; mais les crimes qui lui ont acquis la célébrité des monstres, ne sont ignorés d'aucun habitant du Cap ; c'est en vain que le gouvernement l'a sommé plus d'une fois de comparoître à son tribunal, pour y rendre compte de sa conduite ; retranché sur les limites, où les loix sont inertes et sans force, les ordres du gouverneur, et les menaces des satellites, et tous les décrets, n'ont été pour lui que le signal de nouveaux forfaits.

Sans de plus longs discours et de questions ultérieures qui n'étoient point encore de saison, je permis qu'on fît avancer ces Caffres ; Hans leur fit un signe de la main, et dans un moment je fus entouré ; ils étoient, non compris mes envoyés, dix-neuf hommes, cinq femmes et deux jeunes enfans; ils me saluèrent l'un après l'autre par le Tabé, que je connoissois aussi bien qu'eux, et qui fut toute ma réponse à leurs complimens : je comprenois mal leur langage; ils n'employoient point dans leur prononciation le clappement usité chez les Hottentots; c'étoit dans leur manière de saluer la seule différence avec les Gonaquois qui fût sensible; mais ils me parloient tous ensemble, et mettoient dans leurs discours une précipitation, une volubilité qui me sembloit d'autant plus étrange, que depuis près d'un an je m'étois fait une habitude de la lenteur en tout genre de mes inactifs Hottentots : je ne pouvois concevoir à quelle cause imputer ce bourdonnement confus qui bruissoit à mes oreilles, et m'impatientois de n'en pouvoir démêler aucun son distinct.

Je ne devinois rien de tout ce que se disoient entr'eux ces Caffres, mais je remarquois qu'ils étoient fort occupés, soit de mon camp, soit de ma personne, soit de mon monde, et de leurs divers mouvemens. Leurs yeux se reportoient rapidement d'un objet à un autre; tout imprimoit la surprise autour d'eux. J'ai lu quelque part que l'étonnement suppose l'ignorance, mais l'ignorance ne prouve pas l'incapacité ; cette réflexion convient aux Caffres, car on ne peut assurément les accuser d'ineptie, et il y a d'eux aux Hottentots, pour l'adresse et l'industrie, une distance prodigieuse. Hans leur avoit beaucoup vanté mes fusils et mes pistolets à deux coups ; sur son récit, ils étoient disposés à regarder mes armes comme des merveilles. Un d'eux me fit demander, au nom de tous, si je ne permettrois pas qu'ils les vissent ; je les fis apporter, et les leur remis moi-même sans montrer de défiance ; elles passèrent de main en main, furent examinées et retournées avec l'attention la plus minutieuse, mais leur curiosité pétulante demandoit quelque chose de plus : je m'y étois attendu ; le hasard me servit à propos ; je tirai coup sur coup deux hirondelles qui filoient devant nous, et les fis tomber à quelques pas ; cette action subite, mais tranquille, les émerveilla doublement ; ils ne savoient lequel admirer davantage, ou l'arme ou le chasseur ; il est certain que ce coup très-heureux, qui pouvoit fort bien ne pas réussir, leur donna la plus haute idée de mon adresse, et que j'en profitai pour leur en imposer de plus en plus: je leur demandai, par signe, s'ils ne pouvoient pas en faire autant avec leurs sagayes, mais ils secouèrent les oreilles en souriant, et me faisant entendre que cette arme étoit impuissante pour atteindre des oiseaux au vol. Un seul d'entr'eux se leva, me montrant mes moutons qui paissoient à quelques centaines de pas, et me fit entendre que ses camarades et lui étoient en état de les percer à la course, ainsi que les autres quadrupèdes plus ou moins grands. Hans fit approcher, et me présenta un jeune Caffre; il étoit parfaitement moulé, et d'une figure qui m'intéressa sur-le-champ: jusques-là je n'avois vu, pour ainsi dire, ces gens qu'en bloc; je ne pouvois me lasser de contempler celui-ci; on m'assura qu'il passoit dans le pays pour un de ceux qui lançoient avec le plus de dextérité la sagaye et la massue courte (1), et que son adresse lui avoit acquis une grande réputation; j'avois tant de fois entendu par-

(1) C'est une arme dont ils font usage de la même manière que de la sagaye. J'en possède une grande et une petite dans mon cabinet.

ler de la Caffrerie et de ses armes redoutables, que je ne voulus pas différer plus longtemps de voir par moi-même ce dont étoit capable un Caffre de dix-huit ans, qui se vantoit lui-même si naïvement. L'heure du dîner approchoit, je me proposois de régaler tout ce monde; j'envoyai chercher un mouton, et, le montrant du doigt au jeune homme, je lui permis de le tirer; il portoit cinq sagayes dans la main gauche: sur mon invitation, il en saisit une de sa droite, fait lâcher le mouton, qui se met à galopper pour rejoindre le troupeau; en même temps il brandit sa sagaye avec force, et s'élançant en avant par quatre ou cinq sauts rapides, il la décoche; la sagaye siffle, fend l'air, et va se perdre dans les flancs de l'animal, qui chancèle, et tombe mort sur la place.

Je ne pus lui cacher ma surprise et ma joie: tant d'adresse unie à la force, à la grace, enchanta tout mon monde. L'amour-propre est un sentiment universel, mais il se modifie suivant les mœurs et les climats; en Europe, il brille dans les yeux, dans tous les traits d'une belle femme, et leur donne de la fierté; il est l'ame des talens, et fait naître des chef-d'œuvres; il se cache même sous la bure et les haillons. En Afrique, un sauvage ne sait point le déguiser; les témoignages d'admiration qu'excitoit parmi nous mon jeune chasseur, agrandissoient son regard et développoient les muscles de son visage; fier d'un pareil triomphe et de mes applaudissemens, ses pieds ne touchoient plus à terre; il mesuroit ma taille, se rangeoit à mes côtés, il sembloit me dire : TOI, MOI.

Les gens de sa nation n'étoient pas moins charmés qu'il eût si bien réussi; ils me fixoient, et cherchoient à pénétrer dans ma pensée pour y voir tout l'effet qu'avoit produit cet échantillon de leur adresse.

J'ai eu, dans la suite, plus d'une occasion de remarquer qu'il ne faudroit à la tête de ces gens qu'un chef habile et de l'ordre pour culbuter et détruire dans un moment la nation Hottentote et toutes les colonies; mais la supériorité de nos armes rendra nuls leur courage, leur adresse, tant qu'ils n'auront que des sagayes pour défense.

Après avoir retiré sa lance du corps de l'animal, le jeune Caffre en ficha plusieurs fois le fer dans le sable, et l'essuya soigneusement avec une poignée d'herbe.

J'étois fâché de ne pouvoir m'expliquer directement avec ces nouveaux venus; les longueurs de l'interprétation, peut-être aussi la conception bornée de l'interprète, me causoient des impatiences que je modérois à peine; d'un autre côté, plus vifs, plus ouverts, n'ayant rien dans leur caractère qui approchât de la taciturnité silencieuse des Hottentots, ces gens me gagnoient de vîtesse; et, depuis leur arrivée, je n'avois encore fait que répondre aux questions dont leur curiosité ne cessoit de m'accabler; j'avois beaucoup moins de choses à leur apprendre qu'à leur demander; je me flattois de voir bientôt se calmer cette volubilité de paroles et de gestes confus, et que j'aurois enfin mon tour quand ces premiers momens d'effervescence seroient amortis.

Plus prévoyans que les Hottentots, donnant moins au hasard pour leur nourriture, ils ne s'étoient point embarqués, comme on dit, sans biscuits; ils avoient amené avec eux plusieurs bœufs destinés pour leur cuisine, et quatre autres pour porter leur toilette de jour et de nuit, en un mot tous leurs bagages; ils n'avoient pas oublié non plus quelques-uns de ces paniers que j'avois admirés chez les Gonaquois, et dont ils se proposoient de faire en route, ou bien avec nous, des échanges avantageux; ils avoient encore quelques vaches avec leurs veaux; au moyen de quoi cette caravane portoit un air d'aisance et de somptuosité qu'on se flatteroit vainement de rencontrer au sein des vallées lugubres de la Savoie.

Je marquai à quelque distance de mon camp l'endroit précis où je voulois qu'ils se logeassent; et, plus heureux ou mieux obéi qu'Idoménée lorsqu'il bâtissoit la ville de Salente, en un demi-quart-d'heure je vis s'élever, sous mes yeux, leur petite colonie.

Les feux furent allumés; on coupa le mouton par morceaux; il fut rôti, et bientôt il n'en resta plus que la peau : je n'ignorois pas combien l'intérêt est un agent puissant pour faire mouvoir tous les hommes, combien sur-tout il les dispose à la bienveillance; je fis, dans les circonstances où je me trouvois, l'application de ce principe, qui m'avoit plus d'une fois réussi; je voulois m'attacher les Caffres comme j'avois fait les premiers sauvages que j'avois rencontrés, et sur-tout les Gonaquois; je distribuai donc à mes hôtes diverses espèces de quincailleries et du tabac. Ils reçurent mes présens avec satisfaction, et sur-le-champ chacun se mit en devoir d'en faire usage.

Mais ce qui fixoit davantage leur imagination, et qu'ils m'auroient escamoté de bon cœur, c'étoit du fer. Ils le dévoroient des yeux, le vantoient excessivement, et sembloient l'estimer par-dessus tout. Leurs regards étoient tombés sur des haches, des pioches, de grosses tarières, des outils de toute espèce qui se trouvoient à l'arrière de mes chariots, ils les convoitoient avec une sorte d'impatience; il n'y avoit, pour ainsi dire, qu'à mettre la main dessus. J'étois si bien fait déjà à la manière de traiter avec les sauvages, et je les craignois si peu, puisqu'il faut le dire, même quand je n'aurois point été si puissamment armé, que je leur aurois volontiers abandonné ces objets; mais avec tout l'attirail que je traînois à ma suite, ils m'étoient devenus d'un usage tellement indispensable, qu'il m'eût été impossible d'en faire si généreusement le sacrifice. Afin de leur ôter tous desirs, ou du moins d'en diminuer l'ardeur, puisqu'il n'étoit plus temps de leur dérober la connoissance de ces outils précieux, j'ordonnai qu'on les cachât avec soin. D'après tout ce que j'avois appris des embarras de ces sauvages, relativement à leurs armes, il étoit en effet très-dangereux d'exciter plus longtemps leur envie; elle pouvoit leur suggérer des intentions nuisibles à mon repos, et le moyen tout simple de s'en emparer par la ruse, s'ils ne le pouvoient par la force. Tel est, en général, le caractère du vrai sauvage, et telle est la nature : nul n'a le droit de retenir ce qui appartient à tous, et la moindre inégalité seroit la source des plus grands malheurs. Quiconque a lu le *Voyage du capitaine Cook dans les mers du Sud*, a dû remarquer que ce marin et toutes les personnes de son équipage, ne mettoient jamais pied à terre sans faire quelques pertes; les insulaires venoient les voler jusque sur leur vaisseau; on enlevoit aux chasseurs leurs armes, aux matelots leurs habillemens, etc. Le naturaliste Forster raconte du docteur Sparmann, qu'après qu'on lui eut volé son épée, il perdit encore dans la même course les deux tiers de son habit; les Caffres et les Hottentots ne sont point encore parvenus à ce degré d'adresse, mais ils ne sont pas sur ce point exempts de tout reproche. Afin de bien vivre avec eux, il faut apprendre à devenir tolérant sur cet article, ou serrer soigneusement.

La preuve du besoin pressant qu'avoient les Caffres de se procurer du fer, venoit de se confirmer sous mes yeux; je me reprochois de les avoir fait avancer peut-être un peu trop tôt, et de n'avoir pas assez pris mes précautions; cependant je les suivois, et les faisois épier de fort près : nous ne voyions pas sans inquiétude, Klaas et moi, par la façon dont ils se parloient entr'eux, dont ils mesuroient la longueur et l'épaisseur des bandes qui bordoient les jantes de mes roues, à quel point ce trésor les eût satisfaits. Si ces gens avoient su lire, et qu'on leur eût appris dans les livres pleins de décence de nos femmes du bel air, que le plus simple moyen de résister à la tentation est d'y succomber, cette pensée un peu trop philosophique n'eût point, à coup sûr, été prise par les Caffres pour une plaisanterie, moins encore pour une absurdité, et ma ruine eût été complète.

Les yeux méfians et jaloux de mes Hottentots ne perdoient rien de tout ce qu'ils voyoient; et comme si mes propres remarques n'eussent pas été suffisantes, ils venoient à tous momens y ajouter les leurs, et me faire quelque scène nouvelle. Je pénétrois assez leurs motifs; de moment en moment, je voyois un esprit de haine et de discorde fermenter parmi eux; c'est alors que, rejetant sur moi toute la faute, je me reprochai justement la cause du refroidissement sensible de mes gens, qu'avoit fait naître un peu trop de précipitation dans mes démarches, et regrettai de m'être mal-à-propos arrêté quelques heures au Bruyntjes-Hoogte, pour y solliciter les secours des colons assemblés, qui, par leurs discours, avoient effrayé tout mon monde et troublé la bonne intelligence de ma caravane, tant il est vrai que le succès en toute entreprise dépend du secret !

Dans le moment actuel, je ne voyois rien cependant qui dût si fort alarmer mon esprit; nous étions trop supérieurs à nos hôtes en armes et en force, dans le cas où il auroit fallu recourir à la violence, le dernier des moyens à employer avec des sauvages. Je ne pouvois craindre de leur part aucune surprise; l'emplacement que je leur avois assigné se trouvoit situé de façon que la moindre tentative eût causé leur perte; mais je n'en redoublois pas moins de précautions et de sévérité, autant pour forcer mes gens à continuer leurs devoirs, que pour ôter à mes hôtes toute idée d'attaque et la facilité de me tendre des piéges. Si j'excepte deux chasseurs que j'envoyois régulièrement tous les jours à la provision, et quatre autres hommes qui gardoient le troupeau sur les pâturages, le reste ne s'écartoit point hors de vue, moi-même je me tenois assidument au camp; je passois des journées entières au milieu des Caffres, conversant avec eux, et me faisant expliquer par l'interprète commun, leurs réponses aux différentes questions que faisoit naître à tous momens le desir de m'instruire, et de recevoir des détails exacts sur cette nation, moins connue encore que celle des Hottentots. L'embarras et les difficultés de la traduction absorboient à la vérité beaucoup de temps; les connoissances de chaque jour arrivoient lentement, et la somme n'en étoit pas bien volumineuse; j'employai à ces conversations pénibles une semaine entière, et ne voyant enfin que franchise et bonhomie de part et d'autre, convaincu qu'ils agissoient naturellement et sans détours avec moi, je me gênai beaucoup moins; je diminuai quelque chose de ma réserve, et forçai tout mon monde à se mettre à son aise avec eux.

Bientôt aussi plus d'habitude de leur langage rendit nos entretiens plus intéressans; je commençois à me faire comprendre, et je les entendois mieux encore.

Ils ne cessoient de me conjurer de les suivre dans leur pays; ils revenoient continuellement à la charge sur ce point: vingt fois on m'avoit répété tout ce que m'avoit appris d'engageant mon interprète à son arrivée; je n'étois que trop empressé de me rendre à ces invitations séduisantes; mais mon intention n'avoit jamais été de partir avec eux, on en verra bientôt la raison. Je m'excusai en leur disant qu'il ne m'étoit pas possible de me mettre en marche aussi-tôt qu'ils paroissoient le desirer; puis, les examinant tous avec beaucoup d'attention, j'ajoutai que ne connoissant point leur pays par moi-même, on m'avoit informé qu'il étoit rempli de montagnes et de bois difficiles à traverser; qu'ainsi je ne conduirois point mes voitures et mes bœufs avec moi; cette déclaration ne parut pas les affecter; et, par le plaisir que leur fit ma parole engagée d'aller les voir bientôt; je pus juger qu'ils ne comptoient pas infiniment sur mes grosses tarières et sur le fer de mes roues.

Mais, à mesure que je les comblois d'amitié et de promesses, je voyois la vengeance éclater dans leurs regards, et qu'ils fondoient sur moi leur unique salut; ils se parloient, se pressoient les uns sur les autres, et me montroient assez par leurs gestes la haute opinion qu'ils avoient conçue de mes forces et de mon empressement à les servir. Le nom du féroce habitant de Bruyntjes-Hoogte étoit sans cesse à leur bouche; l'un de ces Caffres se frappoit la tête de désespoir et de rage, en me racontant qu'entr'autres victimes, sa femme enceinte et deux enfans avoient été égorgés de la propre main de ce colon, et que la soif du sang portoit ce tigre au crime pour le plaisir seul de le commettre. Quelque révoltante que paroîtra l'anecdote suivante, je la place ici comme ils me la racontèrent, et comme on me l'a depuis vingt fois certifiée.

Dans un moment où les colonies et les Caffres pacifiés vivoient en bonne intelligence, et n'avoient plus lieu de se craindre et de se persécuter, le tigre de Bruyntjes-Hoogte que cette harmonie déconcertoit, et qui ne pouvoit se plaire qu'au sein du carnage et des meurtres, dans l'espoir de ranimer les étincelles de la guerre et de faire renaître d'anciennes querelles, imagina de se procurer de la ville quelques canons de fusil qui n'étoient plus bons que comme vieux fer; il trouva facilement à les échanger avec les Caffres qui en ont toujours besoin; le marché conclu avant de livrer ces canons il en encloue les lumières, met dans chacun double charge de poudre, les emplit en outre de mitrailles et de morceaux de fer qu'il y fait entrer de force jusqu'à la bouche; les malheureux sauvages qui ne connoissoient l'arme à feu que par ses funestes effets et nullement par son mécanisme, emportent chez eux ces canons et se disposent bientôt à les façonner pour en faire des sagayes; les feux sont allumés; on y dépose les fatals canons, ils s'échauffent, la poudre s'embrase et produit une détonation épouvantable qui éparpille dans un moment l'immense brasier, les instrumens, les hommes, et va en estropier un grand nombre à des distances éloignées; un d'entre ceux qui me citoient cet événement, dont toute la horde avoit été témoin, me faisoit compter toutes les blessures qu'il avoit reçues dans cette expérience tragique, et les cicatrices ineffaçables dont son corps étoit couvert.

Un trait de cette nature suffit seul pour justifier les Caffres de la haine implacable qui fermente dans leurs cœurs ulcérés, et dont ils sucent le levain en naissant; pourquoi donner comme les effets d'un caractère naturellement atroce, ces attaques imprévues et subites qui ne sont dans le fond que de justes représailles? La nature n'a pas été marâtre pour le Caffre plus que pour les autres sauvages; l'injustice et la tyrannie les révoltent tous également; l'être le plus tranquille, le plus insouciant qu'on connoisse, le Caraïbe des côtes méridionales d'Amérique se transformeroit en un lion furieux, si quelque téméraire osoit seulement attaquer la chétive retraite dont il se contente.

Si, fatigués par les persécutions, continuellement harcelés et dépouillés, le désespoir a quelquefois conduit les Caffres à la cruauté; si quelquefois leurs projets de vengeance ont réussi; s'ils ont foulé, ravagé des récoltes, brûlé des habitations, massacré les propriétaires, la nation blanche leur avoit prête sa fureur en leur donnant l'exemple des plus affreux excès.

La haine du Caffre, malheureusement s'étend encore sur une partie des Hottentots, que la politique insidieuse et perfide des colons n'a pas manqué de pervertir et de faire entrer dans ses conjurations, afin de diminuer les risques auxquels la façon de manœuvrer des Caffres les expose, et pour leur opposer des forces égales. Mais ces précautions souvent échouent contre l'adresse et l'active vigilance de l'ennemi des colons. Le Hottentot trop timide et trop mal armé pour se montrer à découvert, compte beaucoup sur la ruse; chargé de l'espionnage, il va sourdement reconnoître les lieux occupés par l'ennemi, sur-tout ceux où ses richesses sont en réserve : l'œil perçant du Caffre a bientôt éventé ces marches obliques; il fond comme un trait sur l'espion, et l'immole à l'instant.

Je commençois, en l'étudiant chaque jour davantage, à prendre de cette nation si calomniée, une opinion non moins favorable que de celle des Hottentots; et toujours d'après mes principes et ma manière de traiter avec les sauvages, je n'en saurois imaginer avec qui j'eusse eu des périls à courir. Mes journées, dont je variois les occupations et les plaisirs, s'écouloient comme par le passé, sans inquiétude et sans troubles. J'avois recommencé mes chasses, mes hôtes m'y suivoient alternativement; mais je me faisois accompagner de préférence par le jeune Caffre qui me donnoit le plaisir de voir tomber tantôt un gnou, tantôt une autre pièce qu'il abattoit de sa sagaye redoutable, avec autant d'adresse qu'il en avoit montré pour abattre le mouton. Dans une de nos courses, il m'aida à tuer un hippopotame mâle et de la plus grande taille; ce fut le seul que nous rencontrâmes, peut-être aussi le seul qui fût à dix lieues à la ronde; les coups de fusil qui tonnoient de tous côtés depuis le matin jusqu'au soir, avoient sans doute écarté tous les autres. Je ne trouvai point à celui-ci le goût qui m'avoit tant flatté dans la première femelle que nous avions tuée; mes gens prétendoient qu'il étoit trop vieux, et que d'ailleurs les femelles l'emportent pour la délicatesse : son lard étoit d'une consistance plus solide, mais moins épais que celui des femelles, qui ne diffère en rien de ce que nous appelons en France *petit salé*; et, par-dessus tout, il portoit une rancidité rebutante pour un gosier qui n'est pas hottentot. Les Caffres, qui d'ailleurs n'aiment point la graisse autant que les Hottentots, n'en faisoient pas beaucoup de cas, et préféroient leurs bœufs; le mouton même ne les tentoit guère, raison suffisante pour n'en point élever chez eux.

Je n'avois pas encore remarqué de près les bêtes à cornes qu'ils avoient amenées, parce que, dès la pointe du jour, elles s'égaroient dans les taillis et les pâturages, et n'étoient ramenées qu'à la nuit par leurs conducteurs; mais, un jour, m'étant rendu de fort bonne heure dans leur kraal, je fus étrangement surpris au premier aspect de quelques-uns de ces animaux; j'avois peine à les reconnoître pour des bœufs ou des vaches, non, parce qu'ils étoient infiniment plus petits que les nôtres, puisque je leur reconnoissois les mêmes formes et les caractères primordiaux auxquels je ne pouvois pas me tromper, mais à cause de la variété des divers contours et de la multiplicité de leurs cornes; elles ressembloient assez à ces lithophytes marins connus des naturalistes sous le nom de *bois de cerf*. Persuadé dans le moment que ces concrétions dont je n'avois nulle idée étoient un présent particulier de la nature, je regardois les bœufs caffres comme une variété de l'espèce, mais je fus désabusé par mes hôtes ; ils m'apprirent que ce n'étoit qu'un chef-d'œuvre de leur invention et de leur goût ; qu'au moyen des procédés qui leur étoient familiers, ils multiplioient non-seulement ces cornes, mais qu'ils leur donnoient encore toutes les formes que leur suggéroit leur imagination ; ils m'offrirent de les travailler en ma présence, si j'étois curieux de connoître leur méthode : elle me paroissoit si neuve et si rare que j'en voulus faire l'apprentissage, et suivis pendant plusieurs jours un cours en règle sur cette matière.

Ils prennent, autant qu'il est possible, l'animal dans l'âge le plus tendre ; dès que la corne commence à se montrer, ils lui donnent verticalement un petit trait de scie, ou d'un autre outil qui la remplace, et la partagent en deux ; cette double division qui est encore tendre s'isole d'elle-même, de façon qu'avec le temps l'animal porte quatre cornes bien distinctes ; si l'on veut qu'il en ait six ou même plus, le trait de scie croisé plusieurs fois en fournit autant qu'on en desire. Mais s'agit-il de forcer l'une de ces divisions, ou la corne entière à former, par exemple, un cercle parfait, on enlève alors à côté de la pointe qu'il ne faut pas offenser, une partie légère de son épaisseur; cette amputation renouvelée souvent et avec beaucoup de patience conduit la corne à se courber dans un sens contraire, et sa pointe venant se joindre à la racine, offre un cercle parfaitement égal; bien convaincu que l'incision détermine toujours une courbure plus ou moins forte, on conçoit que, par ce moyen simple, on peut avoir à l'infini toutes les variations que le caprice imagine.

Au surplus, il faut être né Caffre, avoir son goût et sa patience, pour s'assujettir aux détails minutieux, à l'attention soutenue qu'exige cette opération, qui, dans le pays, peut n'être qu'inutile, mais qui seroit nuisible en d'autres climats; car la corne ainsi défigurée deviendroit impuissante, tandis que, conservée dans toute sa force et son intégrité, elle en impose à l'ours et aux loups affamés de l'Europe.

Pendant que je visitois chez ces Caffres

leurs bœufs, leurs ustensiles, et que je les épuisois de questions sur leur pays, leurs mœurs, leurs usages, un bruit sourd qui sembloit arriver d'un peu loin, et revenoit par intervalles frapper mon oreille, fixa mon attention ; je leur demandai ce que ce pouvoit être, et s'ils ne l'entendoient pas ainsi que moi. Ils m'apprirent que trois ou quatre de leurs camarades s'occupoient, au pied d'une petite roche voisine qu'ils avoient découverte, à forger quelques armes des morceaux de vieux fer qu'ils avoient apportés de chez eux, ou échangés durant leur voyage. Autant inquiet de savoir par moi-même s'ils ne m'avoient point dérobé quelques outils, que curieux de connoître la manière dont ils s'y prennent dans une opération aussi difficile pour des sauvages privés des outils même les plus simples, j'engageai deux d'entr'eux à se détacher et à vouloir bien me conduire à la forge. Cette visite inopinée, qui me fournit l'occasion de donner à ces peuples des éclaircissemens sur le premier mécanisme de la forge dont ils ne se doutoient même pas, aura peut-être eu des suites trop remarquables, et je ne dois pas omettre les moindres détails d'une scène aussi neuve pour ces sauvages que pour moi.

Les Caffres travaillent et forgent eux-mêmes leurs sagayes; mais ne connoissant du fer que sa malléabilité, leur art ne remonte pas jusqu'à sa première fonte: ainsi c'est du fer déjà travaillé qu'il leur faut. Ils tirent admirablement bien parti des vieux canons de fusils, des cercles de tonneaux et de toute autre féraille de ce genre: ils portent des sagayes de deux espèces; les unes ont la tige du fer unie et tout-à-fait ronde; les autres, plus artistement, je devrois dire plus cruellement travaillées, ont cette tige quarrée; les quatre angles en sont découpés en pointes qui s'inclinent, tandis que les alternes remontent en sens contraire; ce qui nécessite le déchirement des chairs, soit qu'elles entrent dans le corps, soit qu'on les en retire. On ne peut qu'admirer leur patience, lorsqu'on songe qu'avec un bloc de granit ou la roche même qui leur sert d'enclume, et un morceau de la même matière pour marteau, on voit sortir de leurs mains des pièces aussi bien finies que si la main du plus habile armurier y avoit passé; je lui défierois, avec toute l'adresse et les combinaisons de son génie, de rien faire, avec les deux seuls instrumens dont je viens de parler, qui approchât de ce que font ces sauvages.

Ceux auprès de qui je me trouvois actuellement, étoient réunis autour d'un grand feu au pied d'une colline graniteuse ; ils retiroient du brasier une barre de fer assez grosse et profondément rougie ; ils la posèrent sur une enclume, et se mirent à la battre avec des pierres fort dures, et de la forme la plus favorable et la plus aisée à saisir ; ils s'y prenoient fort adroitement : mais ce fut leur soufflet qui me parut bien extraordinaire, et qui fournit sur-le-champ une belle occasion de leur donner sur ce mécanisme utile des notions qui leur auront été bien profitables, s'ils ont su les mettre en œuvre ! Leur soufflet étoit donc un meuble bien misérable ; il étoit fait d'une peau de mouton soigneusement vidée par une légère incision et bien recousue. Les parties de l'origine des quatre pattes qu'ils avoient retranchées comme inutiles et même embarrassantes, étoient nouées. Ils avoient également tranché la tête, et substitué en place un bout de canon, autour duquel ils avoient ramassé et fortement attaché la peau du cou. Le souffleur présentant d'une main ce canon au foyer, éloignoit et rapprochoit avec l'autre main l'extrémité de cette peau ; cette méthode fatigante ne donnoit pas toujours assez d'activité au feu pour faire rougir le fer ; mais n'en sachant pas davantage, ces pauvres cyclopes ne se rebutoient point ; j'avois pitié d'eux, et le mal que je les voyois se donner, doubla le plaisir que je me promettois de leur indiquer sur-le-champ un moyen plus facile. J'avois beaucoup de peine à leur faire comprendre combien étoit supérieure à leur invention celle des soufflets de nos forgerons d'Europe ; persuadé que le peu qu'ils saisissoient de ma démonstration s'échapperoit bientôt de leur mémoire, et ne leur seroit d'aucun profit, je résolus de joindre l'exemple à la leçon, et de les faire opérer devant moi. Je dépêchai un des miens à mon camp, et lui dis de m'apporter deux fonds de caisse, un morceau de kros d'été, un cercle, des petits cloux, marteaux, scie et tous les outils dont j'avois besoin : avec tout cela, lorsque mon homme fut de retour, je leur composai à la hâte, et fort grossièrement, un soufflet qui n'étoit guère plus fort que ceux qu'on emploie ordinairement dans nos cuisines; deux morceaux de cercle, que je plaçai dans l'intérieur, servirent à retenir la peau dans un écartement toujours égal; je n'oubliai point de faire, dans la partie inférieure, un évent ou soupape pour l'aspiration plus prompte de l'air; moyen simple dont ils ne se doutoient même pas, et qui les forçoit d'employer un temps considérable à remplir leur peau de mouton. Je n'avois point de tuyau de fer ; mais, comme il n'étoit ici question que d'un modèle, j'attachai au cuir de la charnière du mien le fond d'un étui à cure-dent dont je sciai le bout. Après quoi, posant mon chef-d'œuvre à plate-terre assez près du feu, je fichai avec force une crossette sur laquelle je posai une traverse ou espèce de bascule qui tenoit par une ficelle au-dessus de mon soufflet, sur lequel pesoit encore un saumon de plomb de sept à huit livres que j'y avois fixé. Il faudroit avoir vu l'attention que prêtoient ces Caffres à toutes mes opérations, et l'incertitude, ou plutôt le desir où ils étoient de savoir à quoi tout cela devoit aboutir, pour se faire une juste idée de leur surprise; ils ne purent retenir leurs cris lorsqu'ils me virent, avec quelques mouvemens faciles, d'une seule main donner tout d'un coup à leur feu la plus grande activité, par la précipitation avec laquelle je faisois aspirer et rendre l'air à ma machine. J'essayai de jeter au feu quelques morceaux de leur fer, et je parvins à rougir, en trois minutes, ce qu'ils n'auroient certainement pas obtenu en une demi-heure. Cette fois, je portai leur étonnement au comble; il tenoit, j'ose le dire, de la convulsion, du délire ; ils sautoient autour du soufflet, l'essayoient tour-à-tour, frappoient des mains pour exprimer leur joie. Ils me supplièrent de leur faire présent de cette machine merveilleuse, et sembloient attendre ma réponse avec inquiétude, n'imaginant pas apparemment que je pusse me détacher sans peine d'un meuble aussi précieux. Je serois enchanté d'apprendre quelque jour qu'ils font usage de mon soufflet, qu'ils l'ont perfectionné, et sur-tout qu'ils se souviennent de l'étranger qui, le premier, leur donna le plus essentiel instrument de la métallurgie.

L'habitant de la Caffrerie vit si familièrement au milieu de ses bestiaux, et leur parle avec tant de douceur, qu'ils obéissent ponctuellement à sa voix. Comme ils ne sont jamais tourmentés ni maltraités par leurs conducteurs, ces animaux pacifiques ne font jamais usage des armes que leur a données la nature : le maître, chargé du soin de les instruire et de les panser, n'attache pas même les femelles pour les traire ; si cependant le sentiment de la maternité parle avec force à leur instinct, et les engage à retenir leur lait pour leurs petits, le moyen dont se servent les Caffres pour les contraindre à le lâcher, est plus simple et moins dégoûtant que celui du Hottentot : on passe une entrave à l'un des pieds de derrière de la bête ; un homme robuste l'attire en s'éloignant ; gênée par cette attitude, elle laisse aussi-tôt couler son lait : on emploie le même moyen lorsqu'une vache est privée de son veau. Que cette différence avec les vaches d'Europe provienne de la nature, de l'espèce ou du climat, il n'en est pas moins vrai qu'elle existe, et que l'expédient dont je viens de parler est nécessaire, et généralement usité par ces sauvages.

On reçoit le lait dans les paniers que j'ai décrits, et qui sont particulièrement l'ouvrage des femmes : leur capacité dépend de la fantaisie; mais leur forme est toujours la même : très-légers et ne risquant jamais de se rompre, ils sont sans contredit préférables à nos vases, quelle qu'en soit la matière. Les femmes que j'avois alors dans mon camp, n'avoient point oublié leurs outils; elles avoient apporté des joncs, pour ne pas rester oisives; je m'amusois à voir fabriquer ces jolis paniers, qu'elles s'empressoient d'échanger avec moi contre de la quincaillerie, dès qu'elles y avoient mis la dernière main.

Avant de faire couler le lait dans ces vases, on avoit soin de les bien laver; mais c'étoit moins dans un esprit de propreté que dans le dessein d'en resserrer la texture; car enfin, quelque prévenu que je sois pour les sauvages, en faisant profession de tout dire je ne dois pas me taire, même sur leurs défauts. Avouons donc que les Caffres sont dans l'usage constant d'échauder leurs ustensiles avec leur propre urine, et qu'ils ne se donnent pas la peine d'aller chercher de l'eau lorsqu'ils n'en ont point à leur portée.

Ce procédé qu'on mettoit en usage sous mes yeux n'étoit guère ragoûtant; on avoit attention, tous les soirs, de rapporter un panier de laitage, dont mes gens et mon Keès, moins difficiles que leur maître, trouvoient à faire leur profit. J'évitois cependant avec soin de laisser voir à mes voisins la répugnance invincible que m'inspiroient leurs cadeaux journaliers, et j'aurois préféré de m'empoisonner pour quelques momens, plutôt que de les affliger ou de les humilier par un refus; car telle a toujours été ma maxime, de ne jamais contrarier les usages reçus dans tous les lieux où je me suis trouvé : rien ne blesse et n'indispose autant un peuple que d'attaquer ses opinions, ses goûts, ses usages, par la critique et le ridicule, et rien n'est en effet plus absurde et plus indécent. Je m'afflige d'avoir ce reproche à faire à la plus aimable et la plus sociale des nations, et de la voir par-tout sur ce point l'objet du blâme, même de ses plus proches voisins. Peut-on trouver étrange de ne point voir à Londres les airs, les façons et les gentillesses de l'agréable étourdi des bords de la Seine? L'homme sensé n'improuve jamais d'une manière ostensible rien de ce qui se pratique dans le pays qu'il parcourt; quelque ridicules qu'en soient les préjugés, il a l'air de les respecter, parce qu'il n'a pas le droit de les contredire; cette méthode, qui laisse un champ libre à ses réflexions, ne présentant rien d'offensant, lui procure l'accueil flatteur et les prévenances que se doivent tous les hommes quelles que soient leurs patries diverses. S'il est un cas où l'application de ces principes soit indispensable, c'est sur-tout à l'égard des peuples sauvages. Pour moi, rien n'est au-dessus du rosbif et du pouding, quand je les mange en Angleterre; je sablerois l'huile de baleine avec les Lapons; chez les Hottentots, content de leurs grillades, j'oublie aisément le pain, et trouve le bled fort inutile.

Quel que soit l'attachement du Caffre pour ses troupeaux, il n'est cependant pas exclusif. Une affection prédominante, et qui va même jusqu'à la passion, le porte vers le chien; il a pour cet animal des attentions et des complaisances outrées, aussi la reconnoissance en fait-elle bientôt son meilleur ami. Ma meute ne fut jamais autant caressée ni si bien nourrie que pendant le séjour de la petite horde que j'avois avec moi; mon grand Yager étoit sur-tout pour elle un sujet d'admiration; on ne pouvoit voir (ne cessoit-on de me répéter) une plus magnifique bête; l'engouement à son égard s'étoit si fort emparé des esprits, qu'il n'y avoit pas un seul homme dans la troupe qui ne se fût empressé, si je l'avois voulu, de le troquer contre un attelage de douze bœufs : il faut convenir qu'Yager étoit un des chiens le plus fort et le mieux fait qui fût dans toutes les colonies.

Il ne quittoit plus nos hôtes ainsi que ses camarades; ils passoient tous la plus grande partie des journées dans leurs kraals; ces bonnes gens les laissoient boire tranquillement le lait de leurs paniers auxquels ils n'auroient pas osé toucher, que ces parasites toujours altérés ne fussent rassasiés et contens. Je suis persuadé que ces animaux, qui se rendoient pourtant tous les soirs assidument au gîte, n'auroient été pour nous d'aucun secours, si nous avions eu quelque danger à craindre de la part de ces sauvages. Ils s'étoient si fort attachés aux Caffres, et avoient tellement perdu l'habitude de mes gens que, lorsqu'il arrivoit qu'un d'entr'eux se fût un peu trop écarté, et rentrât au camp plus tard qu'à l'ordinaire, il étoit forcé de crier à ses camarades de retenir les chiens, pour éviter d'en être assailli, peut-être même déchiré.

Au plus léger signal d'une intention perfide de la part des Caffres, j'eusse fait mettre toute la meute à l'attache; mais comme je n'appercevois rien qui dût éveiller ma défiance, c'eût été les mortifier en vain et les priver d'une satisfaction qui les attachoit davantage à ma personne, et détruire cette douce franchise qui la leur rendoit, de moment en moment, plus sacrée.

Du reste, je ne partageois cette manière de voir avec personne : j'aurois vainement essayé de la faire adopter à mes Hottentots; une terreur panique les tenant dans une crainte continuelle et sur leurs gardes, toutes mes représentations, toutes les remarques de franchise, de bonhomie, d'aveux même indiscrets de la part de ces nouveaux-venus, rien n'étoit capable de déraciner leur prévention. La Caffrerie, à les entendre, alloit être bientôt le tombeau que je prenois plaisir à creuser de mes propres mains; et, comme ils refusoient d'être les complices de mon imprudence et de ma mort, ils ne consentoient point du tout à s'en voir les victimes. Ni la crainte des châtimens, lorsque je serois rentré sous la domination des Hollandais, ni mes menaces de punir moi-même d'aussi lâches déserteurs, n'étoient point capables de leur en imposer.

Ce changement me paroissoit toujours nouveau ; je ne pouvois m'accoutumer à tant d'obstination, de résistance et d'oubli de tous leurs devoirs. Je les avois déjà trouvés, il est vrai, récalcitrans et difficiles, avant d'arriver au Bruyntjes-Hoogte, lorsque je m'étois vu cruellement délaissé par la horde qui avoit voyagé avec moi, et le détachement qui m'avoit joint pendant la nuit. Mais que ces circonstances étoient ici différentes ! nous n'avions ni les assurances ni la parole des Caffres ; nous n'en avions jamais rencontré : leurs mœurs, leur caractère et leur façon de vivre ne nous étoient point connus ; le préjugé, qui redouble par l'absence du péril, nous les avoit toujours présentés comme des peuplades féroces et sanguinaires. La proposition de gagner leur pays jusqu'à la mer, pouvoit raisonnablement alors effrayer des hommes qui manquent d'énergie et d'intrépidité ; mais à présent je ne pouvois plus voir que de l'entêtement et de la désobéissance dans leur refus, et je ne sais quel esprit d'insubordination que leur souffloient sans doute le dégoût, la fatigue et l'ennui d'un si long voyage. D'autres causes aussi pouvoient y contribuer, que je ne soupçonnois pas alors et que je découvris trop tard.

Cependant bien déterminé à suivre mon plan, et ne voulant pas que des gens qui jusqu'alors n'avoient jamais osé sourciller devant moi, pussent se flatter d'avoir mis des obstacles à mes volontés, et de dicter à leur chef comme des loix de la prudence, ce qui n'étoit que les précautions de leur crainte et de leur pusillanimité, je tourmentois, si je puis parler ainsi, de plus en plus mon imagination, et faisois mille efforts pour qu'elle me suggérât les moyens de tirer parti du mauvais pas dans lequel je me trouvois embarqué.

Je comptois sur Klaas comme sur moi-même ; j'étois sûr pareillement du vieux Swanepoël, du chasseur Jean qui me suivoit depuis le Soet-Melk-Valley, et m'avoit tué le premier tzeiran. Pit et Adam étoient encore deux hommes de bonne volonté ; le cousin de Narina, et deux de ses camarades m'avoient offert leurs services ; mais ces trois derniers n'ayant aucune connoissance du maniement des armes à feu, pouvoient craindre autant de tirer un coup de fusil que de le recevoir : cependant ils faisoient nombre, et j'espérois de quelque manière en tirer parti. Les Grecs qui incendièrent la ville de Troye, n'avoient ni le bras ni les armes d'Achille.

Je résolus de tenter ce voyage avec ces huit hommes; mais mon plan n'étant pas encore bien digéré, je pensai qu'il falloit différer d'en donner connoissance à mon camp, jusqu'au départ des Caffres que je ne voulois pas sur-tout en instruire.

Mais un secret, qui jusqu'alors m'avoit échappé malgré toute ma prévoyance et mes soins, vint tout d'un coup éclaircir une partie de mes soupçons. Klaas arrivant un après-dîné de la chasse, entre dans ma tente, et m'avertit que quatre Hottentots *basters* sont cachés dans mon camp depuis le matin, qu'il les soupçonne d'être des espions de Bruyntjes-Hoogte, envoyés par les colons. Il avoit compris, me disoit-il, par tout ce qu'il avoit pu entendre de la conversation de ces quatre coquins, que les blancs étoient instruits de l'arrivée et du séjour des Caffres dans mon camp; qu'ils murmuroient tous et s'étonnoient que j'eusse reçu chez moi avec autant de cordialité leurs ennemis mortels. Klaas m'engagea à me tenir sur mes gardes, jusqu'à ce qu'il en eût appris davantage, m'invitant sur-tout à me défier de l'un des gardiens de mes bœufs, nommé Slinger, qu'il croyoit être d'intelligence et manœuvrer sourdement avec les quatre émissaires.

Irrité de l'audace de ces gens et de la hardiesse qu'ils avoient eue d'entrer dans mon camp, j'ordonnai qu'on les amenât devant moi; à leur démarche timide, embarrassée, je jugeai trop qu'ils étoient coupables; je les interrogeai brusquement, et leur demandai de quel droit et par quel ordre ils avoient osé s'introduire chez moi et s'y tenir cachés, sans que j'en fusse prévenu, comme s'ils avoient pu s'attendre à n'être point découverts; cette apostrophe un peu vive, la menace de les punir à l'instant, et la colère dont tous mes traits étoient animés, les effrayèrent de telle sorte, qu'il leur fut impossible de répondre; j'ajoutai que je ne souffrois pas d'espions près de moi; que quiconque s'introduisoit sourdement étoit suspect à mes yeux, et méritoit d'être puni comme un traître; que je ne faisois pas d'eux assez de cas pour en venir à ces extrémités, mais qu'ils pouvoient, quelle que fût leur mission, aller apprendre à ceux qui les avoient envoyés tout ce qu'ils avoient vu chez moi; que, maître indépendant de mes volontés, je n'avois nul compte à rendre de mes actions; qu'une conduite sans reproche plaçoit mon ame au-dessus de la crainte; qu'ami de tous les hommes, je détestois tout traître; que n'épousant aucune querelle qui me fût étrangère, je n'avois nulle raison d'en vouloir à ces Caffres dont j'étois environné, et auxquels je m'empresserois de rendre tous les services que de bons peuples et des amis avoient le droit d'attendre de tout être humain, compatissant et juste; que je répondois d'eux, et les prenois sous ma garde autant de temps qu'ils resteroient avec moi; mais que l'équité qui me portoit à les défendre, me feroit également une loi de tourner contr'eux mes armes si je les voyois entreprendre la plus légère tentative contre les colons; que j'étois assez instruit de la conduite des uns et des autres pour être assuré que ces sauvages, qui ne respiroient que la paix et le repos, ne donneroient jamais le signal des premières hostilités.

Après ce discours, un peu vif et pressé, je donnai ordre à ces quatre basters de déguerpir à l'instant, et les fis escorter par quatre fusiliers jusqu'à ce qu'ils fussent hors de vue : je les avois avertis que si jamais, sous quelque prétexte que ce fût, ils s'avisoient de reparoître chez moi, je les poursuivrois comme les bêtes féroces, eux et quiconque se présenteroit dans des intentions pareilles à celles qui les avoient amenés; ces dernières menaces firent quelqu'impression sur mes Hottentots, que tout ce bruit avoit assemblés autour de ma tente. Quand leur tour fut venu d'être interrogés sur le secret criminel qu'ils m'avoient fait du séjour de ces espions dans mon camp, aucun d'eux n'osa proférer un seul mot de défense et d'excuse; je m'exhalai en reproches très-vifs et très-amers; je leur déclarai que je ferois battre et chasser le premier d'entr'eux qui tourneroit ses pas du côté qu'habitoient les colons, avec lesquels je ne voulois avoir aucune communication; je traitai Singler avec dureté, et lui défendis de quitter son poste sans mon ordre.

Les Caffres, témoins de cette scène, avoient remarqué que je les avois plus d'une fois désignés par mes gestes ; ils en paroissoient intrigués. A l'air enflammé de mes traits, à la consternation qui régnoit parmi mes Hottentots, ils pouvoient sentir combien ce qui venoit de se passer dans mon camp m'avoit donné d'humeur et d'animosité contre mes gens ; mais, entendant moins encore notre langue que je ne comprenois la leur, ils paroissoient autant surpris qu'inquiets de tout ce bruit : ils exprimoient, par leurs regards errans de tous côtés et sur nos visages, la perplexité qui tenoit en suspens leurs esprits. Hans prit soin de leur expliquer cette énigme ; il me sembla que cette ouverture les rassuroit un peu ; mais lorsqu'il les eut instruits que les colons s'étoient réfugiés si près de nous, cette nouvelle les contrista ; ils craignoient que, prévenus de leur séjour chez moi par le rapport des quatre espions que je venois de chasser, ces blancs perfides et vindicatifs n'accourussent aussi-tôt dans l'intention de les attaquer et de les détruire jusque dans mon camp ; j'eus beau les rassurer et leur promettre appui, sûreté, protection, je ne vis plus en eux cette gaîté franche et naïve qui naît de la tranquillité de l'esprit; ils se parloient beaucoup plus entr'eux, et sembloient concerter leurs mesures, et ne desirer que le départ et la fuite. Hans, qui les avoit accompagnés ce soir là lorsqu'ils s'étoient retirés dans leur kraal, m'avoua le lendemain qu'ils le soupçonnoient d'être un traître qui les avoit amenés chez moi pour les y faire égorger, et que conséquemment je n'étois pas moi-même à l'abri de tout soupçon; qu'ils avoient reconnu l'un des quatre basters pour être venu souvent dans leur pays, sous prétexte d'échanger des bestiaux ; que le croyant un ami fidèle et sûr, ils lui avoient accordé toute confiance, et ne le voyoient jamais arriver sans lui témoigner combien sa vue leur causoit de satisfaction, mais que bientôt le monstre les avoit vendus lâchement; que depuis il n'osoit plus reparoître chez eux, de peur d'y trouver, dans la mort la plus prompte, la punition due à ses perfidies.

Hans me fit part en outre de la résolution qu'ils avoient prise de s'en retourner; ils me prioient, par sa médiation, de vouloir bien troquer quelques-uns des bœufs qu'ils avoient amenés contre de la vieille féraille;

je leur refusai nettement cet article, et leur fis entendre qu'il m'étoit impossible d'acquiescer à leur demande, attendu que je ne voulois pas être accusé d'avoir fourni des armes contre les colons; que, sans aucune vue d'intérêt, mais pour le plaisir seul de les obliger, je me serois dans toute autre circonstance empressé de leur donner cette marque d'amitié, mais qu'ils devoient sentir que dans l'état actuel des choses, j'avois les bras liés par l'honneur; qu'à l'exception du fer, tout ce que je possédois étoit de ce moment à leur service, qu'avant leur départ je leur en donnerois la preuve; et, pour adoucir l'amertume de mon refus, j'ajoutai que voulant rester l'ami de tout le monde, et conserver à leur égard, ainsi qu'envers les colons, l'exacte neutralité dont j'avois toujours fait profession, j'étois prêt en toute rencontre à faire la même réponse à leurs ennemis, s'il arrivoit que manquant ou d'armes ou de munitions, ils vinssent à leur tour implorer mon assistance pour continuer la guerre.

Quoique cette réponse et ces explications fussent claires et précises, ces sauvages, qui ne se rebutent pas pour un premier refus, revinrent encore à la charge, et me renouvelèrent plus d'une fois leurs instances : j'avois trop bien pris mon parti ; je fus intraitable sur ce point ; je connoissois trop bien l'esprit exagérateur des colons, qui n'auroient pas manqué de crier à la perfidie pour la moindre bagatelle arrachée par l'importunité, pour montrer de la condescendance et de la foiblesse en cette circonstance délicate ; je ne doute pas même qu'ils n'eussent saisi avec empressement cette occasion de se venger du mépris que je leur avois plus d'une fois témoigné ; ils n'auroient plus alors manqué de prétexte pour m'en faire un crime ; quelque puissante que fût cette politique prudente à leur égard, j'avois un motif plus déterminant encore. Trop au-dessus des atteintes de ces bandits dangereux et de leurs conspirations atroces, en refusant aux sauvages des armes contre ces colons, et à ceux-ci des ressources contre les sauvages, j'empêchois que ces brigandages affreux ne se perpétuassent, dans le cas où les uns et les autres viendroient à s'épuiser, comme cela étoit plus d'une fois arrivé : je ne pouvois donc les servir qu'en ne prenant aucune part à leurs démêlés, et cette conduite secondoit à merveille la droiture et les affections de mon cœur; je me serois fait même un scrupule d'accepter quelques bestiaux que les Caffres m'offrirent en échange d'une quantité de verroterie et de quincaillerie, que je leur distribuai au moment de leur départ.

J'avois ardemment souhaité que le jeune Caffre restât avec moi; il ne me fut pas plus possible de le séduire, qu'il ne l'avoit été à ses camarades de m'ébranler pour obtenir mon fer: ni mes présens ni mes promesses de le rendre à lui-même, s'il ne se plaisoit point avec moi, ne purent rien sur lui; il opposoit à toutes mes sollicitations une trop forte résistance pour que je pusse espérer d'en rien obtenir. « Je connois, me disoit-il, » trop bien les blancs pour me fier à eux; ils » nous ont fait et nous feront toujours trop » de mal: si j'étois assez simple pour vous » suivre, une fois réduit en esclavage, j'au» rois beau réclamer vos promesses, il ne me » seroit plus permis de revoir mon pays ». Il craignoit, d'après les préjugés raisonnables de sa nation, qui dans des temps de paix avoit quelquefois fréquenté le Bruyntjes-Hoogte, d'être traité comme les colons qui habitent cette contrée, en agissent effectivement avec leurs esclaves; et quand par attachement pour moi il se seroit livré de bonne grace et auroit consenti de me suivre, il n'étoit point assuré, disoit-il, que je fusse toujours maître de le défendre et de le renvoyer. Je fis mille efforts pour détruire sa prévention, et lui dis qu'il ne falloit pas confondre tous les Hollandais avec ces colons sanguinaires et perfides; qu'il étoit à même de juger si les hommes que j'avois à mon service étoient malheureux et en droit de se plaindre; que tous pouvoient user de leur liberté et me quitter à l'instant. Ce jeune homme m'étonna par sa fermeté, et n'en fut que plus obstiné dans son refus. Je renonçai à le solliciter davantage.

Nos chasses continuelles et les petites altercations survenues dans mon camp, avoient bien interrompu nos conversations familières et paisibles avec les Caffres, mais elles ne m'avoient pas fait entièrement négliger le soin de mon instruction; j'y revenois de temps en temps; ils s'y prenoient avec cette cordialité que leur avoit inspirée la reconnoissance pour mes bienfaits: la nouvelle de leur départ me rendit encore plus empressé de leur faire des questions; je n'avois pas sur-tout perdu de vue mes malheureux naufragés; ils ne purent me donner tous les détails que je leur demandois; ils avoient simplement connoissance du fait; mais, établis au nord-ouest, plus éloignés encore que moi de la mer, ils ne savoient rien de positif sur cette malheureuse catastrophe. A la vérité, la plupart des effets enlevés des débris du navire leur étoient connus; plusieurs hordes en avoient troqué contre des bestiaux; ceux mêmes que j'avois dans mon camp possédoient quelques parcelles de ces effets; l'un me fit voir une pièce de monnoie d'argent qui pendoit à son cou, un autre portoit une petite clef d'acier; ils me firent, comme ils purent, la description d'un bijou dont ils s'étoient partagé les morceaux; je devinai bientôt que ce devoit être une montre dont on avoit démonté les rouages et des autres pièces pour s'en faire des parures et des ornemens; j'en fus mieux convaincu, lorsque leur ayant montré la mienne, ils s'écrièrent tous que c'étoit la même chose, avec cette différence qu'ils ne reconnoissoient point la couleur, qui ressembloit, disoient-ils, à la pièce de monnoie que le Caffre portoit à son cou : ils ajoutoient que les plus beaux effets provenus de ce navire avoient été la proie d'un grand nombre de Caffres plus voisins de la mer ; qu'ils possédoient sur-tout beaucoup de ces monnoies. A l'égard des hommes échappés au naufrage, ils avoient ouï dire que les uns avoient été trouvés morts sur le sable, et que les autres, plus heureux, s'étoient retirés dans un pays habité par des blancs comme moi.

Mes entretiens avec ces Caffres finissoient toujours par des sollicitations réitérées de partir avec eux. Cet arrangement, quand il auroit été de mon goût, ne pouvoit s'accorder avec ma prudence ; car, si je ne les croyois pas capables de me tromper, d'attenter à mes jours et de voler mes effets, je ne devois point les instruire de mes démêlés avec mes gens, et leur faire connoître qu'il ne m'étoit possible d'emmener avec moi que huit hommes, les autres refusant de me suivre. J'étois au contraire charmé que, de retour chez eux, ils apprissent aux leurs que nous étions en force et en nombre, et n'avions rien à redouter de leur part ; cette division pouvoit leur suggérer de mauvais desseins : rien n'empêchoit, tandis qu'il m'auroient amusé chez eux, qu'un détachement ne partît pour s'emparer de mon camp, et massacrer ceux à qui j'en aurois confié la garde. Tant d'horreurs commises par les blancs me faisoient une loi de prendre mes sûretés avec ces sauvages, dont je n'aurois eu rien à craindre dans toute autre circonstance. C'est ainsi, par exemple, que j'observai à leur égard, avec encore plus de rigueur, la loi de ne laisser aucun étranger s'introduire la nuit dans mon camp : mon vieux Swanepoël veilloit à ce que cette discipline s'observât religieusement; nous dormions toujours isolés et murés dans nos parcs; il étoit encore moins permis de sortir dans la nuit, ce temps étant toujours celui que choisissent les sauvages pour former leurs attaques contre les blancs, que leur couleur et leurs vêtemens décèlent bientôt, et qu'on apperçoit de fort loin; mon absence bien connue de ces Caffres, tout m'auroit alarmé sur le sort de ceux qui ne m'auroient pas suivi : en ne leur faisant point connoître le moment précis de mon départ, ils s'en alloient avec la certitude que, lorsque je me remettrois en marche, je ne laisserois rien après moi, car je leur avois dit que je renverrois mes chariots dans la colonie.

Enfin, le 21 novembre ils vinrent tous me prévenir qu'ils s'étoient arrangés pour partir le jour même; ils renouvelèrent leurs protestations de reconnoissance et de bonne amitié, et me promirent que par-tout où ils passeroient, leur premier soin seroit de publier ce qu'ils avoient vu, combien ils avoient à se louer de moi, et la façon affectueuse et familière avec laquelle je les avois traités pendant un assez long séjour; que les richesses dont je les avois comblés feroient plus d'un jaloux, et que toutes les hordes m'attendroient avec la plus vive impatience, et me verroient arriver avec joie. La description qu'ils se promettoient de faire de mon camp, de ma personne, et sur-tout de ma barbe, devoit, ajoutoient-ils, servir de signalement à ceux qui ne me connoissoient pas, et me faire accueillir tout autrement qu'un colon. Ils se tournèrent ensuite, comme de concert, du côté de ma tente, sur laquelle flottoit un pavillon, et me demandèrent si je ne le porterois pas avec moi, afin qu'on m'apperçût de plus loin; sur ma réponse affirmative, ils jetèrent des cris de joie, comme si, non contens de l'espoir que je leur avois donné d'aller les visiter, ils n'avoient craint encore que je fusse confondu parmi leurs indignes persécuteurs, et que par un sentiment d'amour pour ma personne, ils eussent voulu me garantir de toute espèce de méprise. Après les tabés d'usage, je les accompagnai jusqu'à la rivière, qu'ils traversèrent tous à la nage, ainsi que leurs bestiaux; et lorsqu'ils eurent mis pied à terre à l'autre bord, je les saluai pour la dernière fois par une décharge générale de toute ma mousqueterie; les ravines et les taillis dans lesquels ils s'enfoncèrent, les eurent bientôt dérobés à ma vue.

J'ai tiré plusieurs dessins de ces peuples, qui se prêtoient à mon opération avec autant d'étonnement que de complaisance; ce sont les planches que j'ai placées ci-après.

Ces Caffres une fois partis, je m'étois flatté que mes gens feroient quelques réflexions sur la manière tranquille avec laquelle ils avoient vécu avec eux pendant mon séjour; qu'ils reconnoîtroient combien leur frayeur étoit mal fondée, et qu'ils finiroient peut-être par consentir à m'accompagner. Pour ne point paroître m'occuper d'eux et de mon projet avec trop d'acharnement, et afin de les mettre en état d'agir d'eux-mêmes, je résolus de partir aussi sur-le-champ pour aller rendre visite au vénérable Haabas, parce qu'à mon retour, à la première ouverture qu'on me feroit de quelque changement, je lèverois le piquet et me remettrois en marche pour ne donner le temps à personne de se refroidir. Pendant le séjour des Caffres, je n'avois vu qu'une seule fois deux Gonaquois chez moi; il me tardoit de renouer connoissance avec mes bons voisins, et de les instruire de ce qui s'étoit passé depuis notre séparation. Je me rendis seul à leur kraal. Leur joie fut extrême quand ils m'eurent reconnu; tous s'empressèrent autour de moi; ils s'appeloient les uns les autres, accouroient de tous les côtés; je fus bientôt entouré. Haabas me fit part de ses craintes et de celles de sa horde pendant le séjour des Caffres chez moi; il me demanda cent fois si j'étois certain que sa retraite ne fût point connue d'eux; je fis tous mes efforts pour le tranquilliser, et lui appris que je tenois des Caffres mêmes, qu'ils n'avoient aucun sujet de haine contre les Hottentots Gonaquois, qu'ils savoient n'avoir aucune communication avec les blancs et les autres Hottentots, et vivre au contraire en horde et tout-à-fait isolés; que d'ailleurs la position précise de leurs kraals ne leur étoit point connue, mais qu'en tout cas il étoit plus simple et plus facile, pour la sûreté commune, de déloger et d'aller s'établir ailleurs. Haabas embrassa ce projet avec d'autant plus d'empressement, qu'il ne s'en fioit point, disoit-il, aux belles paroles des Caffres, puisqu'il n'y avoit pas long-temps qu'ils l'avoient forcé d'en venir aux mains avec eux; qu'il étoit prudent de prendre ses précautions et d'écarter un pareil malheur. Il eut assez de confiance en moi pour me demander des avis sur le nouvel établissement qu'il alloit former, et la résolution fut prise de gagner au plutôt les montagnes de l'ouest, et de s'éloigner tout-à-fait des terres de la Caffrerie qui s'étendent au nord-est.

Les bords du Sondag étoient ci-devant les limites des Caffres, qui avoient leurs habitations principales sur le Bruyntjes-Hoogte; on en découvre encore de foibles vestiges. Les ordres exprès et l'intention du gouvernement, qui vouloit vivre en paix avec ces sauvages, étoient que ces limites fussent toujours sacrées; mais le colon, qui n'a ni la sagesse ni les vues d'une administration politique, trouvant les terres de ces voisins impuissans supérieures aux siennes, est parvenu avec le temps à s'en emparer, et a reculé impunément ces peuples au-delà du Groote-Vish. Les ordres des gouverneurs, de plus en plus méprisés, sont demeurés sans effet, et l'extrême éloignement a rendu ces abus tolérables, et de jour en jour plus fréquens.

J'étois incognito chez Haabas, et plusieurs motifs m'engageoient à n'y point séjourner; je voulois savoir de lui s'il ne pourroit point décider plusieurs de ses gens à se réunir aux trois qui s'étoient offerts de bonne grace lors de mon premier voyage; un seul balança, et finit par un refus. Pour ne rien arracher de force, et ne donner à ces bonnes gens aucun sujet de plainte, j'assignai le rendez-vous dans mon camp aux trois hommes de bonne volonté qui s'étoient engagés à me suivre, et je leur donnai quatre jours; par ce moyen, ils avoient plus de temps qu'il n'en falloit pour mettre ordre à leurs affaires, et se préparer des armes.

Je ne pouvois emmener mes chariots

avec moi, puisque je ne devois compter tout au plus que sur huit hommes pour m'accompagner dans mon voyage en Caffrerie: il me falloit quelques bœufs de charge; je n'en avois qu'un seul qui fût accoutumé à cet exercice; nous arrangeâmes un échange, et je promis de l'effectuer aussi-tôt que je serois de retour chez moi. Tout cela fut l'affaire d'un moment; malgré les vives instances du chef et de tous ceux de la horde que je trouvai au kraal, je résolus de les quitter aussi-tôt, et je prétextai mille affaires auprès des miens: je ne sais quelle tristesse s'étoit emparée de mon ame; je ne revoyois point ce séjour du même œil que par le passé; j'étois contrarié de toutes manières. Les obstacles sembloient s'accroître à chaque pas. Je me sentois épuisé de fatigues.... Avant de quitter Haabas, je n'oubliai pas de lui demander des nouvelles de l'infortuné malade: je ne voulus point le revoir; on m'assura que tous les soins qu'on lui avoit jusqu'à ce moment prodigués, n'avoient abouti qu'à entretenir autour de lui la propreté, mais que ses douleurs n'avoient point diminué, et qu'enfin on désespéroit de sa vie. Je demandai des nouvelles de la jeune

Narina; elle étoit absente avec sa mère: je soupçonnois que quelqu'un de la horde s'étoit détaché pour aller la chercher; je n'en fus que plus empressé de partir; je saluai Haabas, et je rejoignis mon camp.

De retour dans ma tente, je fis approcher mes gens l'un après l'autre, et je voulus savoir de leur propre bouche les intentions de chacun, afin de découvrir s'il n'y avoit point parmi eux quelques mutins qui soufflassent la zizanie et l'esprit d'insurbordination. Leurs réponses furent uniformes; ils appuyoient leur résistance de la seule frayeur où les jetoit ma témérité; quelqu'humeur que je ressentisse de cette désobéissance, quelques désagrémens qui dussent en être la suite, je n'eus pas même la force de les réprimander; trop de motifs combattoient pour eux dans mon cœur, et je sentis que je leur étois encore trop fortement attaché; nul autre dessein ne les avoit séduits; la peur avoit seule dérangé leurs têtes; ils ne vouloient point, disoient-ils, aller dans un pays d'où l'on n'avoit jamais vu revenir ni blancs ni Hottentots; je leur recommandai du moins de me rester fidèles, et qu'en mon absence ils n'oubliassent point mes bontés et tout ce qu'ils devoient à leur maître. Je vis trop dans leurs gestes et leur contenance tout ce que ces derniers mots faisoient d'impression sur eux, et ce que j'aurois pu exiger de leur amour, si j'avois renoncé à vouloir les contraindre à ce fatal voyage; je leur promis une égale affection pour l'avenir, et je m'enfermai seul dans ma tente. Je m'occupai pendant une partie de la nuit de mon plan et des moyens de l'exécuter le plus sagement et le plus promptement qu'il me seroit possible; et, le lendemain, dès le matin, je fis appeler les Hottentots sur lesquels je comptois. Je leur répétai que j'étois, à la fin, résolu de partir avec eux, s'ils étoient toujours résolus de me suivre. Pour mieux écarter de leur esprit toute espèce de nuages, et leur prouver que je n'en agissois point témérairement avec eux, je leur déclarai que je n'avois l'intention de pénétrer fort avant dans la Cafferie, qu'autant que je ne rencontrerois point d'obstacles sur mes pas, et que je n'éprouverois nul mécontentement de leur part; que, puisque nous ne devions pas espérer sur le rapport de mes envoyés, de rencontrer aisément le roi Pharoo, j'étois d'avis d'aller simplement visiter les Caffres qui m'attendoient avec tant d'impatience, et de tourner à l'est pour nous rapprocher de la mer où nous pourrions découvrir le vaisseau naufragé; ils persistèrent tous dans la promesse qu'ils m'avoient faite. Je m'adressai ensuite à Swanepoël, et lui dis que je le regardois comme un autre moi-même, et lui confiois toute mon autorité pendant mon absence; je le conjurai de veiller sur mon camp, d'y maintenir le bon ordre, puisqu'il ne m'étoit plus permis de compter sur les autres.

Mes trois Gonaquois arrivèrent à jour nommé; dès-lors il ne fut plus question que des préparatifs et des provisions nécessaires pour le voyage; j'emplis deux sacs de peau de poudre à tirer; ces sacs furent enfermés dans un troisième, afin de les préserver de l'humidité; nous coulâmes des balles de calibre et de la dragée; j'emportai huit fusils, et laissai les huit autres pour la défense du camp; j'assemblai différentes espèces de verroteries et de quincailleries, dont je fis des assortimens séparés dans des sachets et des petites boîtes; ma canonnière, une couverture de laine, un gros manteau et quelques autres effets indispensables devoient me suivre; nous emportions pour la cuisine une seule marmite, une bouilloire, du thé, du sel, du sucre, &c. De leur côté, mes compagnons s'occupèrent à rouler leurs peaux, leurs nattes, leurs ustensiles; ils n'avoient point oublié de me demander une bonne provision de tabac et d'eau-de-vie. Ce remuement, cette agitation, les allées et les venues que nécessitoient tous ces préparatifs m'auroient offert un tableau piquant si j'avois eu l'esprit tranquille, et que tout mon monde eût voulu me suivre; c'étoit, comme on le dit, le déménagement du peintre; d'un autre côté, l'air étonné, contrit des poltrons qui restoient, présentoit un contraste singulier; les partans haussoient la voix et les regardoient en pitié; on eût dit qu'ils ne se connoissoient plus, qu'ils n'étoient plus de la même espèce; ceux-là montroient assez toute l'inquiétude que leur causoient ce départ et le chagrin de ne me plus voir à leur tête; ils auroient été charmés de connoître la durée de ce voyage, ce qui n'étoit pas plus en mon pouvoir qu'au leur.

Nos emballáges achevés, et n'ayant plus qu'à charger, nous fixâmes le départ au lendemain matin 3 novembre.

Lorsque les feux du soir furent allumés,

je m'y plaçai à l'ordinaire avec tout mon monde pour prendre le thé ; je saisis ce moment pour faire une douce exhortation à ceux que je laissois dans mon camp ; je ne leur montrai plus aucun signe de mécontentement ; je feignis même d'approuver leurs raisons, bien assuré que je ne changerois rien aux résolutions de ceux qui partoient avec moi. Quant aux nouvelles marques d'inquiétude qu'ils montroient pour ma personne, je leur dis que je devois trop compter sur les braves qui m'accompagnoient pour n'être pas tranquille : je leur recommandai la plus grande obéissance aux ordres du sage Swanepoël, à qui je remettois toute mon autorité ; je leur promis de récompenser tous ceux dont la conduite répondroit à la bonne opinion qu'ils m'avoient fait prendre jusqu'ici. Enfin, pour ne leur laisser aucun regret dans l'ame et effacer jusqu'au souvenir de tout désagrément réciproque, je fis verser une rasade générale : on but à notre voyage, et chacun se retira chez soi.

Je ne pus fermer l'œil de toute cette nuit : dès la pointe du jour je sonnai moi-même l'appel ; tout le camp fut en l'air ; on chargea, l'on emmaillotta nos quatre bœufs.

Tandis qu'on déjeûnoit je fis mettre à l'attache tous mes chiens; sans cette précaution la meute entière qui pressentoit le moment du départ, et qui s'en réjouissoit, comme cela étoit arrivé toutes les fois que nous avions changé de campement, n'auroit pas manqué de prendre les devans et de se répandre dans la campagne. Je n'en emmenai que cinq avec moi.

Avant de nous faire nos adieux, je pris Swanepoël à l'écart, et lui dis que si je ne voyois point de sûreté ni de possibilité de traverser toute la Caffrerie, je serois infailliblement de retour sous quinze jours; que, si je ne l'étois pas après six semaines bien révolues, il pouvoit lever le camp et se rendre dans le Camdebo, sa patrie; que je le laissois le maître de prendre cette route même avant le terme écoulé, s'il voyoit le moindre risque à courir en restant dans l'endroit où je le laissois, et que je saurois le joindre: je le priois de veiller sur mes gens, sur mes chariots, sur mes collections, en un mot, au premier signal du danger, de songer à mettre tout à l'abri. Si, ne me voyant point revenir, ajoutai-je avec une émotion dont je ne pus me défendre en ce moment, et que vous ayez sujet de désespérer de mon sort, vous reprendrez la route du Cap avec tout mon monde, et remettrez tous mes effets à mon ami M. Boers.

Ce brave vieillard ne put entendre ces dernières paroles sans verser des larmes; ses sanglots le suffoquoient; je le rassurai et lui promis de ne rien tenter que de raisonnable; vainement auroit-il cherché à me retenir plus long-temps : je me dérobai à ses supplications affectueuses, et rejoignis mes chevaux, mes bœufs et mes chiens.

Déjà Keès avoit pris les devans : escorté de mes huit hommes, dont l'un portoit le pavillon, je me mis en marche, et perdis bientôt de vue mon camp; il fallut remonter la rivière l'espace d'une lieue et demie pour la traverser : une partie de mes gens qui m'avoient acccompagné jusques-là rebroussèrent chemin lorsque nous eûmes gagné l'autre bord.

Nous quittâmes cette rivière, et prîmes notre route droit au nord-est; c'étoit, suivant mon systême qui s'accordoit assez avec les éclaircissemens de Hans, entamer la Caffrerie par sa plus grande profondeur. Nous marchions continuellement sous la même espèce d'arbres (le mimosa nilotica), dont toutes les parties du canton sont parsemées ; la terre étoit couverte d'herbes très-hautes qui nous fatiguoient extrêmement ; mes gens en souffroient plus que moi, attendu que comme elles étoient en même temps fort desséchées, leurs jambes s'ensanglantoient à chaque pas : ils y remédièrent en se faisant des bottines avec des peaux et des herbes tressées. Mes bœufs seuls paroissoient charmés de l'aventure ; et, tout en marchant, se saturoient à leur gré sans avoir la peine de baisser la tête jusqu'à terre. Nous avions toujours sous les yeux des gazelles de différentes espèces, notamment celles de parade ou spring-bocken ; mes chiens firent lever une outarde que je tuai. Elle formera encore une espèce nouvelle à décrire : plus grosse que la cane pétière d'Europe, elle a le plumage du cou par-devant, ainsi que la poitrine et le ventre, d'un gris-bleu uniforme. Toute la partie supérieure du corps est d'une teinte roussâtre pointillée et rayée d'une couleur presque noire ; son ramage imite assez le cri du crapaud, mais il est plus fort.

Nous marchâmes ainsi pendant cinq heures par une chaleur excessive, qui nous força d'arrêter ; nous étions, il est vrai, continuellement protégés par des arbres assez rapprochés; mais les feuilles du mimosa sont si petites et si rares, que son ombre, qui ne noircit jamais la place qu'il occupe, doit être à-peu-près comptée pour rien; nous n'en rencontrâmes aucun autre dans toute la plaine, et je remarquois que les beaux arbres, comme au pays d'Auteniquois, étoient adossés aux hautes montagnes qu'il falloit aller chercher beaucoup plus loin.

Je m'étois apperçu, chemin faisant, que mon singe s'arrêtoit fort souvent au mimosa, qu'il en détachoit des épines dont ces arbres sont garnis, et les mangeoit avec plaisir; je voulus partager encore ce régal avec lui. Je m'en fiois à son goût. Les plus vertes de ces épines, les seules qu'on puisse manger, longues à-peu-près de deux à trois pouces, sont cassantes comme les asperges; je fus trompé dans mon attente; je les trouvai d'abord agréables et sucrées, mais, le moment d'après, une odeur d'ail insupportable qui me brûloit la bouche et que le plus vigoureux Marseillois n'auroit pas supportée, me les fit rejeter; leur graine à laquelle Kees sembloit donner la préférence, opéroit le même effet sur mon palais. Cette odeur étoit si forte et si âpre, que de très-loin les urines du singe m'avertissoient qu'il avoit mangé des épines du mimosa.

Je trouvai sur cet arbre une chenille magnifique et de la plus grande taille ; son corps étoit entouré de bandes d'un noir de velours sur un beau fond vert; la phalène qu'elle produit n'en est pas moins brillante; elle a les ailes presqu'entièrement blanches avec quelques bandes et des taches brunes ; son corps est tellement velouté, qu'il en paroît cotonneux. J'ai eu plus d'une fois occasion de remarquer dans la suite, que lorsque le mimosa fleurit (c'est ordinairement aux approches de janvier), ses fleurs sont couvertes de quantité d'insectes de différentes espèces; aussi les cantons où croissent ces arbres sont-ils ceux où l'on rencontre en plus grande abondance une partie des différens individus qui composent cette classe de l'histoire naturelle, et, par une conséquence nécessaire, une infinité d'oiseaux attirés par ces insectes dont ils font leur principale nourriture.

Je profitai de cette première halte pour écorcher l'outarde que j'avois tuée; sa chair servit à mon repas, ma suite dîna des provisions que nous avions apportées. Mes bœufs s'étoient si bien régalés chemin faisant, qu'à peine arrivés ils se couchèrent malgré la charge qu'ils portoient; on ne les voyoit point dans l'herbe tant elle étoit haute et fournie. Dans l'après-midi le ciel s'obscurcit; nous fûmes assaillis par un orage affreux accompagné de tonnerre; nous n'en continuâmes pas moins notre route; car, ne voulant point décharger nos bœufs avant la nuit, et privés d'abris dans l'endroit où nous avions dîné, la pluie ne nous eût pas plus épargnés en restant tranquilles qu'en marchant; mais vers cinq heures du soir nous nous sentions tellement harassés, qu'il ne nous fut pas possible d'aller plus loin; je fis dresser sur-le-champ ma canonnière. On alluma de grands feux; lorsque nous fûmes séchés, je gagnai mon gîte, et mes gens s'arrangèrent comme ils purent sous leurs peaux et leurs nattes qu'ils inclinoient du côté de la pluie, à-peu-près comme on place des persiennes ou des abat-jours pour se garantir des ardeurs du soleil. L'humidité de la terre eut bientôt pénétré la couverture de laine sur laquelle je m'étois vainement étendu pour reposer; et la pluie qui tomba sans relâche s'infiltra de tous côtés dans la toile de ma tente ; je fus inondé aussi bien que mes gens : nous nous réunîmes avant la pointe du jour pour partir.

Hans m'avoit averti que nous ne devions pas être fort loin d'un kraal de Caffres détruits par les colons ; le lever du soleil avoit dissipé les nuées, je repris courage, et je résolus de marcher jusqu'à ce que nous trouvassions ce kraal qui nous promettoit un abri commode ; mais sept heures de marche, trois lieues à faire encore pour arriver jusques-là, nos bœufs excédés de fatigue, l'approche du soir, et sur-tout le voisinage d'un charmant ruisseau, m'engagèrent à planter le piquet.

Le mimosa devenoit de lieue en lieue plus rare, plus petit et plus rachitique que dans le terrein que nous avions laissé derrière nous ; l'herbe étoit aussi moins haute ; à la vérité nous nous trouvions sur une terre plus élevée. De notre campement mes gens me firent appercevoir dans le lointain une montagne plate qu'ils croyoient reconnoître ; je la distinguai mieux avec le secours de ma lunette ; elle étoit la plus voisine du camp de Koks-Kraal, et je l'avois plus d'une fois arpentée dans mes chasses; elle pouvoit être à douze ou quinze lieues de nous.

Lorsqu'on eut déchargé les bœufs et dressé ma tente, je suivis, en me promenant, les bords du ruisseau qui, probablement après bien des détours alloit se perdre dans la rivière Groote-Vish; j'abattis un oiseau rare et nouveau pour moi; c'étoit un coucou. Malgré son affinité avec celui dont j'ai parlé, et qu'a décrit Buffon sous le nom de *coucou verd-doré* du Cap, j'ai de fortes raisons d'en faire une autre espèce; son ramage d'ailleurs est tout-à-fait différent; sa femelle, plus rusée, me fit perdre beaucoup de temps à la poursuivre; son manége, que je pourrois comparer à celui d'une coquette, m'offroit à tous momens beau jeu pour mieux tromper mon espoir; quand je croyois la tenir, elle voloit au moment précis à vingt pas plus loin pour recommencer ses agaceries: après m'avoir ainsi leurré pendant plus d'une heure, elle gagna l'épaisseur du bois, et j'en fus pour mes frais.

J'arrivai au campement en même temps qu'un de mes chasseurs, qui rapportoit une gazelle gnou qu'il avoit tuée. C'est M. Gordon qui, le premier, a fait connoître cette charmante et rare espèce ; la description qu'il en avoit envoyée à M. le professeur Allaman, et que ce savant a publiée, est de la plus grande exactitude ; on regrette cependant que la figure qu'on en a donnée en même temps soit défectueuse et mal rendue. Cet animal, qui par les formes ressemble à un petit bœuf, ne se fait pas mieux connoître dans les planches de la traduction française du docteur Sparmann, en ce que l'auteur de ces planches ou des dessins qui les ont produites, non content de lui donner l'encolure et la croupe du cheval, a encore ajouté sa queue, ce qui n'est pas vrai, le gnou ayant précisément celle du bœuf. Les Hottentots nomment cette gazelle *nou*, précédé du clappement de la seconde espèce que j'ai indiqué plus haut ; c'est probablement ce clappement qui a engagé le colonel Gordon, à ajouter un G au nom propre, ce qui produit à-peu-près la même manière de le prononcer ; le docteur Sparmann écrit gnu, parce que l'U suédois et allemand se prononce OU. Les traducteurs devroient prendre en considération ces petites différences qui peuvent occasionner des erreurs, relativement aux noms propres des animaux, qu'il est essentiel de ne pas défigurer.

Cette nuit fut tranquille; nos bœufs étoient attachés près de nous avec leurs grandes courroies, et nos chevaux avec leurs longes; le hurlement de quelques lions qui se faisoient entendre dans les montagnes ne nous alarmoit point pour eux; en général nos inquiétudes et nos embarras à cet égard avoient diminué en proportion du train qui nous suivoit.

Le 5 du mois, étant partis de grand matin, nous arrivâmes au kraal des Caffres que nous avions cru rencontrer la veille; nous n'y trouvâmes pas un seul habitant; la plupart des huttes étoient encore entières; quelques-unes seulement avoient été brûlées: j'en vis sept rapprochées et groupées; le surplus, qui pouvoit monter à cinquante ou soixante, étoit épars de côté et d'autre dans l'étendue d'une demi-lieue; c'est-là que je m'apperçus pour la première fois que ces peuples sont un peu cultivateurs; ils sèment une espèce de millet, connue dans le pays sous le nom de blé caffre. Pour la plus grande facilité de l'exploitation, chacun choisit le terrein qui lui paroît le plus favorable à ses vues, et place sa hutte au centre; c'est pour cela que les kraals ne sont point dans une seule et même place comme ceux des Gonaquois ou des Hottentots. Il est probable que ceux chez lesquels nous étions avoient été surpris par les colons, car nous trouvions de tous côtés des cadavres et des membres épars que les bêtes féroces avoient à moitié dévorés; plusieurs champs de bled étoient en état d'être récoltés; mais la foule des gazelles qui abondent aussi-tôt qu'elles ne sont plus effrayées par des épouvantails, les avoient endommagés : on lâcha mes bœufs, qui achevèrent le dégât.

Quant à nous, nous nous établîmes, moi dans ma tente, mes Hottentots dans les sept huttes dont ils s'emparèrent. Le site me paroissoit fort agréable; je décidai que nous passerions là plusieurs jours; on coupa de grosses branches avec lesquelles ma tente fut si bien masquée, qu'il eût été difficile de la découvrir. Nous avions à deux pas un ruisseau dont les eaux limpides rouloient sur un fond de cailloutage; quelques mimosa çà et là distribués nous donnoient un peu de fraîcheur. A cent pas de notre camp nous pouvions jouir, au besoin, d'un abri plus délicieux dans une forêt immense de superbes et grands arbres; j'allois m'y promener, surtout dans la plus grande chaleur du jour: divers sentiers qui se croisoient en mille sens divers dénotoient clairement que ces lieux avoient été depuis long-temps très-fréquentés.

J'y reconnus plusieurs arbres que j'avois déjà rencontrés dans le pays d'Auteniquois; le stinck-houtt (bois puant) abondoit de tous côtés; on le rencontre aussi, comme je l'ai fait remarquer, dans la baie Lagoa, d'où les habitans du Cap le font venir pour le travailler et l'employer à l'ébénisterie; mais les frais qu'occasionne l'éloignement le rendent très-rare et très-cher. Outre qu'il est susceptible de recevoir le plus beau poli, il a le mérite d'être inaccessible aux atteintes du ver. A mesure qu'il vieillit il prend une couleur marron, dont les veines, fort larges, se nuancent d'une teinte plus ou moins foncée. Lorsqu'on le coupe et qu'il n'est pas encore sec, il répand une odeur d'excrémens qui cause des nausées, principalement dans les temps humides et lorsqu'il est imprégné d'eau; il perd cette mauvaise qualité à mesure qu'il sèche: comme tous les arbres lourds et compactes, il croît lentement; il s'élève, grossit et dépasse les plus hauts chênes.

Je remarquai aussi le *geele-houtt* (bois jaune), il tient son nom de sa couleur; on en fait moins de cas que de l'autre pour les meubles; mais comme il est d'une belle forme et facile à débiter, on en fait de superbe mâdriers, des poutres et des solives pour la bâtisse; il donne des fruits jaunes de la grosseur des mirabelles, mais couverts de tubercules assez épais : l'amande du noyau qui est fort dure, est la seule chose qu'on puisse manger.

Un autre arbre, *roye-houtt* (bois rouge), tire encore son nom du rouge foncé de son écorce; elle est épaisse, mais fort tendre, et l'on pourroit en extraire la teinture; son fruit, de la grosseur d'une forte olive, est également rouge: lorsqu'il est mûr on le mange avec plaisir, et les habitans en font une espèce d'eau-de-vie.

Je m'arrêtai devant un *kaersen-boom* (cerisier), qui n'eut d'autre mérite à mes yeux que de me rappeler le jour, le lieu où j'avois tué mes quatre éléphans; je me souvins qu'ils en mangeoient avec plaisir les fruits et les feuilles; je ne les avois point encore goûtés;

je saisis cette occasion qui les mettoit si bien à ma portée, et je jugeai qu'il falloit être éléphant soi-même pour trouver ces fruits supportables : au reste, on trouve en grande abondance tous ces différens arbres dans les belles forêts d'Auteniquois et de la baie Lagoa, dite de Blettenberg.

Mes Hottentots me firent remarquer une autre espèce d'arbre que je n'avois pas encore vu, et qui ci-devant, étoit, à ce qu'ils me dirent, assez commun dans les colonies; on le destinoit de préférence au charronnage, mais exclusivement pour la compagnie qui avoit fait des défenses expresses et très-sévères de l'employer autrement qu'à son service; cette exclusion a causé sa ruine, et l'on n'en voit plus que dans les lieux éloignés des colonies : d'un autre côté l'indolence des colons l'a laissé tout-à-fait périr, de telle sorte qu'on le regarde maintenant comme une espèce perdue. On nomme cet arbre au Cap, boeken-houtt.

La Caffrerie offre souvent dans le voisinage des petites rivières, et dans les endroits marécageux des arbres très-ressemblans à nos saules; j'y ai souvent aussi rencontré des amandiers sauvages, que les colons nomment *wilde-amandel*, dont les feuilles étroites et les fruits de la même forme que les nôtres, n'en différoient que par le rouge-brun de leur brou.

Il appartiendroit à un botaniste éclairé de parcourir la belle contrée que je décris; il y trouveroit certainement des objets dignes de fixer son attention, et qui tourneroient au profit de la science. Pour moi, je ne m'arrêtois qu'à ce qui me paroissoit extraordinaire et que je n'avois point encore vu; incapable d'assigner aux plantes, aux arbustes, aux arbres, leur véritable mérite, je n'étois guère émerveillé que des différences frappantes, telles, par exemple, qu'une mousse ou lichen jaune qui les garnit; toutes les pousses de ses brins portant souvent dix à douze pieds de long. Mes gens, dans leur langue, le qualifioient de chevelure d'arbre; dans certains cantons tous les arbres en étoient tellement garnis qu'on ne distinguoit ni tronc ni branche, ni même une seule feuille, ce qui me paroissoit bien extraordinaire.

Cette mousse m'a singulièrement servi dans l'apprêt de mes oiseaux. Je conseille fort aux ornithologistes, à qui il prendra fantaisie d'aller visiter cette partie très-curieuse de l'Afrique, de s'épargner l'embarras des étoupes, du coton, et autres ingrédiens semblables. Afin de m'approvisionner pour tout le reste de mon voyage, dans la crainte de n'en plus trouver ailleurs, je fis abattre, ici même, un de ces arbres, et on le dépouilla de toute sa chevelure. La plus déliée est en même temps la plus jeune et la plus courte; celle de six ou dix pieds est plus dure, et ne peut guère servir que pour les quadrupèdes et de très-gros oiseaux. Je remarquerai ici que cette mousse chevelue ne croît que sur certains arbres, tels que le *kaersen-boom*, le *geele-houtt*, etc. et que jamais je ne l'ai trouvée sur aucun des différens mimosa dont fourmille l'Afrique; aussi est-elle très-abondante à Auteniquois, et généralement sur toute la côte de Natale, tandis qu'on n'en voit nulle part sur la côte de l'ouest ni dans l'intérieur des terres.

On trouve aussi presque par-tout dans les grandes forêts, des liannes, qui, parvenues jusqu'aux sommets et aux moindres branches des arbres, laissent tomber des filets qui pendent jusqu'à terre; très-foibles dans leurs commencemens, ils atteignent à la longue jusqu'à la grosseur du bras, comme ceux qu'on voit en Amérique : ces filets sont innombrables, ils ne portent point de feuilles; les naturels de ce pays les nomment *bavians-touw* (cordes du bavian), parce que les singes s'en servent pour grimper au sommet des arbres et arriver au fruit de la lianne, qui ne croît qu'aux extrémités de la plante, à la naissance des filets; ce fruit, de la grosseur de la cerise et d'un rouge cramoisi, dont les oiseaux, notamment les touracos, sont très-friands, renferme dans sa pulpe quelques semences rondes et plates. Je parle ici de l'espèce particulière de la lianne, à laquelle les colons d'Auteniquois ont donné le nom de raisin sauvage, à cause de la ressemblance de sa feuille avec celle de la vigne; ces cordes naturelles peuvent aisément soutenir un homme, si la branche de laquelle elles descendent est assez forte : cette cerise est très-bonne et propre à donner de l'eau-de-vie; en confiture elle vaut mieux encore; j'ai souvent imité les bavians et grimpé par les cordes aux sommets des arbres pour en cueillir les fruits, quelquefois pour y chercher des insectes.

Au surplus, ces bois étoient peuplés de deux espèces de gazelles peu farouches, le bos-bock que je connoissois d'ailleurs, et celle nommée par les Hottentots *noumetjes*; je n'avois fait qu'appercevoir celle-ci dans le pays d'Auténiquois; elle n'est pas rare, mais il est difficile de l'approcher assez pour la tirer; elle ne se montre point non plus en plaine, et se tient au contraire cachée dans les taillis et la plus profonde épaisseur des forêts; elle porte tout au plus douze à quinze pouces de hauteur. Le mâle a des cornes droites, lisses et saillantes d'un travers de main; ce petit animal est d'une couleur gris-de-souris; il prend une teinte roussâtre sur l'épine du dos; le ventre et l'intérieur des jambes sont blancs; il suffit de voir l'élégance de sa forme pour juger de sa légéreté; il se livre à des bonds qui surprennent, il se blotit comme un lièvre : lorsqu'on a pu l'approcher et qu'on en est apperçu, il part avec la rapidité de l'éclair, et, s'arrêtant à quelque distance, il examine le chasseur; c'est le seul moment de le tirer : encore faut-il le saisir, car ce n'est qu'un moment. Son cri, que je devrois nommer son ramage, est fort long et très-aigu ; j'essaierois vainement de le rendre. Il commence par un sifflement coupé de sons pareils à ceux d'un tambour de basque garni de ses grelots, et ses sons chevrotés les imitent assez bien. On ne conçoit pas qu'un si petit animal puisse faire à lui seul un bruit aussi fort; je croyois rêver, lorsque je l'entendis pour la première fois. Du reste, sa viande, la plus délicate de toutes les gazelles, étoit pour nous un manger friand: je donnerai la figure et la description de cet animal.

Entr'autres oiseaux neufs de ce canton, je tirai un petit aigle qui avoit une huppe fort longue et pendante derrière la tête: j'ai donné, dans mon Histoire naturelle des Oiseaux d'Afrique, la description et la figure de cette belle espèce sous le nom de *huppard*, planche II. Je nommai *martin-chasseur* un autre oiseau, à cause de son analogie, quant à la forme, avec celui nommé *martin-pêcheur;* son bec alongé est rouge, le dos, les ailes et la queue sont d'un bleu vif, et le manteau est noir. Il vit d'insectes, n'habite que les bois, et fait son nid dans les creux d'arbres: je n'oublierai pas ce bel animal dans mon Ornithologie. Je tuai encore, dans le même canton, un oiseau fort extraordinaire, dont l'espèce est absolument nouvelle pour les ornithologistes: sa taille et

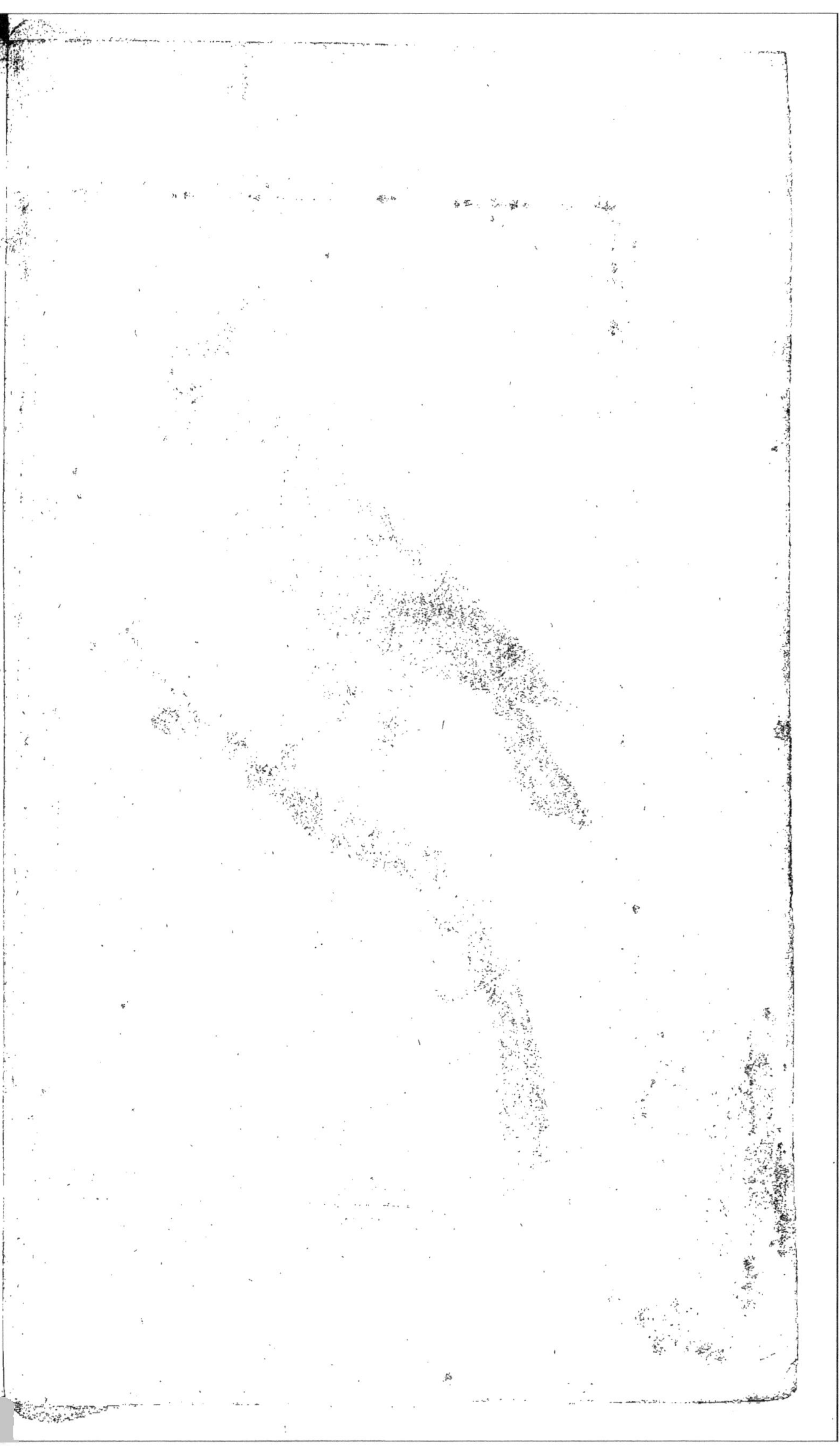

LE PORTE LAMBEAU

V. Tom. 2. Pag. 243.

LE PORTE LAMBEAU. *Tom. 2. Pag. 243.*

N.° 14.

sa forme approchent beaucoup de celles de notre étourneau, et comme lui il vit en troupe et recherche les bestiaux; mais il s'en distingue particulièrement par ses couleurs, et par des espèces de crêtes qui semblent le rapprocher du genre des mainates. De dessus son front, s'élève en travers une peau nue, et plus loin, du milieu du sinciput, il s'en dresse une autre de la même nature, mais plus haute et dirigée dans un sens contraire, tandis que la gorge, qui est également nue, paroît enveloppée d'une peau semblable, qui se séparant en deux pointes, tombe sur le cou: ces peaux ainsi que toute la face de l'oiseau, sont dégarnies de plumes, et d'une couleur noire. Quant aux couleurs du plumage, il n'a rien de très-distingué; c'est un gris roussâtre qui teint le cou, le manteau et le dos, en s'éclaircissant sur tout le devant et le dessous du corps; les ailes et la queue uniquement, sont d'un noir à reflet qui joue entre le vert et le pourpre: le bec et les pieds sont jaunâtres.

Je place ici une figure de cet oiseau, renvoyant du reste le lecteur à mon Histoire naturelle des Oiseaux d'Afrique, où il peut voir les figures coloriées, n°. 93 et 94, où je donne les portraits du mâle, de la femelle, du jeune, et d'une variété de cette espèce, avec une description très-détaillée de leurs mœurs.

Il ne nous arriva rien de remarquable dans ce campement : tant que dura notre séjour, nous éprouvâmes tous les soirs, régulièrement entre trois et quatre heures, des orages qui nous incommodèrent peu, parce qu'ils ne duroient pas long-temps; mais, le 9 du mois, nous pliâmes enfin bagage, et reprîmes notre route. Mes Hottentots, suivant leur usage de donner aux lieux le nom d'un événement qui s'y soit passé, avoient nommé le kraal que nous quittions, le *Camp du massacre*. Nous avançâmes droit à l'est, et traversâmes un canton dont toutes les herbes avoient été la proie des flammes: une nouvelle verdure qui commençoit à pointiller, nous offroit le plus beau tapis verd; nous rencontrions, à chaque pas, des troupes de spring-bocken, de gnous et d'autruches. Comme nous avions plus de vivres qu'il ne nous en falloit, nous ne tirâmes point sur les gazelles, j'envoyai seulement quelques coups de fusil aux autruches; mais, trop méfiantes pour se laisser joindre d'assez près, je ne réussis à en abattre aucune. A mesure que nous avançions, les gazelles se réunissoient pour nous voir passer; la chaleur étoit excessive et la transpiration si abondante, qu'il s'élevoit un nuage de vapeurs du milieu de ces troupes innombrables : je tirai, en marchant, assez de perdrix pour le dîner de tout mon monde; nous ne nous arrêtâmes, pour les apprêter, qu'après cinq grandes heures de fatigue. L'orage survint à l'ordinaire, et servit à nous rafraîchir; tous ces cantons étoient marqués de pas de bœufs, à la vérité fort anciens; mais j'étois surpris qu'un aussi beau pays fût entièrement désert, et que nous ne rencontrassions pas un seul Caffre. Hans prétendoit que l'alarme avoit été trop générale; et, quoique nous eussions déjà fait trente lieues, je commençois à désespérer de rencontrer aucun kraal; tout annonçoit que ces peuplades s'étoient retirées fort avant vers le centre, ou, s'il arrivoit que nous fissions quelque découverte, ce ne pouvoit être que des espions des hordes qui, dévoués au bien général, rôdoient dans la campagne, ou se tenoient cachés dans des embuscades.

En causant familièrement avec mes gens,

j'apperçus une petite troupe de gazelles qui, frisant notre côté, détaloient à toutes jambes, une meute de dix-sept chiens sauvages étoit à leur poursuite: à l'instant je sautai sur mon cheval et piquai des deux pour défendre les gazelles, et attaquer les chiens; malheureusement je perdis bientôt de vue les uns et les autres. Les cailloux recouverts par l'herbe, contre lesquels mon cheval heurtoit à tous momens, faillirent à nous rompre le cou à tous les deux; je retournois bride pour rejoindre mon monde, lorsqu'il s'éleva, dans le même moment, une autruche à vingt pas de moi. Dans le doute si ce n'étoit point une couveuse, je m'empressai d'arriver à l'endroit d'où elle étoit partie, et je trouvai effectivement onze œufs encore chauds et quatre autres dispersés à deux et trois pieds du nid. J'appelai mes compagnons, qui accoururent à l'instant; je fis casser un des œufs chauds, nous trouvâmes un petit tout formé de la grosseur d'un poulet prêt à sortir de sa coquille : je croyois tous les œufs gâtés; mes gens pensèrent bien différemment, chacun s'empressa de tomber sur le nid; mais Amiroo s'empara des quatre autres, voulant m'en régaler, et m'assurant que je les trouverois excellens. C'est alors seulement que j'appris de ce sauvage ce que mes Hottentots eux-mêmes ignoroient, ce qui n'est point connu des naturalistes, puisqu'aucun que je sache n'en a parlé, et ce que j'ai eu plus d'une fois dans la suite l'occasion de vérifier : savoir, que l'autruche place toujours à portée de son nid un certain nombre d'œufs proportionné à ceux qu'elle destine à l'incubation ; ces œufs n'étant point couvés, se conservent frais très-long-temps, et l'instinct prévoyant de la mère les destine à la première nourriture de ceux qui vont éclore : l'expérience m'a convaincu de la vérité de cette assertion, et toutes les fois que j'ai rencontré des nids d'autruches, plusieurs œufs en étoient séparés comme à celui-ci. Lorsque je donnerai la description des mœurs de ce singulier animal, je m'étendrai davantage sur cet article intéressant.

A sept heures et demie du soir, je fis arrêter près d'une lagune considérable, formée des eaux de l'orage : nos bœufs en avoient manqué à la halte du midi, et rien ne m'assuroit que je dusse en trouver plus loin. Les feux faits, chacun accommoda ses œufs à sa manière ; on enleva la calotte de l'un de ceux qui m'étoient réservés, on y introduisit un peu de graisse après l'avoir enterré à moitié dans des cendres brûlantes; et le remuant avec une petite cuiller de bois, on en fit ce qu'on appelle un œuf brouillé, qui, si ma mémoire est fidelle, pouvoit équivaloir au moins à deux douzaines d'œufs de poules. Malgré la voracité de mon appétit, et le goût exquis de ce nouveau mets, je ne pus en manger que la moitié; plusieurs de mes gens, après avoir ôté le petit qu'ils trouvoient dans le leur, faisoient une omelette du reste : je les examinois en les plaisantant sur ces fins ragoûts d'œufs couvés, je ne pouvois croire qu'ils ne fussent pas infects; j'en voulus goûter: sans la prévention qui m'aveugloit, je ne leur aurois pas trouvé de différence avec le mien, et j'en aurois mangé tout comme eux.

La soirée se passa fort gaîment; il n'en fut pas ainsi de la nuit; les aboiemens continuels de nos chiens nous tinrent tous éveillés; l'inquiétude que nous causoit leur vacarme étoit d'autant plus forte, qu'aucun autre bruit ne frappoit nos oreilles. Ce n'étoit donc aucune bête féroce; elle se fût décelée tôt ou tard; nos soupçons s'arrêtèrent sur les sauvages, et je craignis quelqu'embuscade. Le jour parut enfin, mais il ne ramena pas la tranquillité; nous furetâmes inutilement de tous côtés; nous ignorions si c'étoient ou des Caffres, ou ces pirates de Bossismans; le terrein aride et les herbes sèches sur lesquels nous étions campés, ne nous permettoient pas de découvrir leurs traces; ainsi, le 10, sans en avoir appris davantage, nous partîmes en nous orientant toujours à l'est. Cette direction nous conduisit dans un canton où les mimosa se trouvèrent en si grande abondance, si hauts et si touffus, qu'ils formoient une véritable forêt: après l'avoir traversée, nous rencontrâmes une petite rivière que nous eûmes l'avantage de pouvoir passer à gué; nous suivîmes ses bords pendant l'espace de deux grandes lieues, après quoi nous campâmes, lorsque nous vîmes que nous allions être surpris par la nuit.

J'avois été averti par notre guide, que, trois lieues plus loin, nous rencontrerions enfin le kraal de ces Caffres qui m'avoient sollicité de me rendre chez eux; je desirois d'autant plus de le voir, qu'il étoit très-ancien, très-curieux, que rarement cette place, fort commode et très-connue des sauvages, restoit vacante, et que la horde de ceux-ci étoit fort nombreuse. Pour ne pas nous trahir nous-mêmes, je défendis de tirer un seul coup de fusil sur le gibier; je fis dresser ma tente, allumer du feu, et nous y restâmes autour, fort avant dans la nuit; après quoi, pour tromper l'ennemi à la parole de qui je ne me fiois qu'avec prudence, lorsque j'eus fait jeter de nouvelles branches dans ces feux pour l'alimenter jusqu'au jour, nous allâmes nous établir et nous coucher sur des nattes, à cinquante pas plus loin. Notre sommeil ne fut point interrompu. Le lendemain, Hans se détacha avec deux de mes Hottentots bien armés pour aller en avant; je leur donnai rendez-vous à deux lieues plus loin, c'est-à-dire à une lieue de ce kraal, et leur dis de venir aussi-tôt m'y rendre compte de ce qu'ils auroient vu. Ils furent de retour à deux heures, et m'apprirent, avec un étonnement mêlé de douleur, qu'ils l'avoient effectivement trouvé en fort bon état, mais qu'il étoit, comme les autres, absolument déserté; alors je continuai ma route jusques-là, et nous prîmes possession de ce nouvel empire. Il étoit ample et vaste;

nous trouvâmes plus de cent huttes très-anciennes et solidement construites ; elles étoient espacées à la manière ordinaire, il étoit probable que les habitans avoient pris l'alarme mal-à-propos : nous n'apperçûmes aucun débris et pas un seul cadavre. Ils avoient oublié, dans une de ces huttes, deux sagayes dont le fer étoit rouillé, et, dans une autre, un petit tablier de femme, des outils de bois pour le labourage, et quelques bagatelles de peu de conséquence : je m'emparai de ces divers objets. Les petits champs de bled n'offroient point, comme dans le premier kraal où nous nous étions arrêtés, l'image de la désolation et du malheur; il paroissoit au contraire que la récolte en avoit été paisiblement enlevée; nous décidâmes que nous nous arrêterions là pendant deux ou trois jours, afin de distribuer au loin quelques patrouilles, et de voir si dans les environs nous ne découvririons point quelques Caffres. Je savois fort bien qu'en tirant directement au nord, je tombois dans le centre de la Caffrerie; c'est ce que je voulois éviter sans cesse, préférant de gagner peu à peu par de longs circuits, et de ne me hasarder qu'en proportion des dangers que j'appercevrois, ainsi que des connoissances que je ferois durant la route.

Toutes nos recherches et toutes nos ruses n'aboutirent à rien : nul Caffre ne se présenta.

Je ne dissimulerai point que d'après mes préjugés personnels, et les descriptions fastueuses de la magnificence et du luxe des despotes asiatiques, j'avois pensé que j'en retrouverois au moins l'esquisse dans les états d'un roi des Caffres; c'étoit ce qui m'avoit suggéré le plus vif desir de voir Pharoo; mais ma curiosité n'avoit plus le même aliment, depuis que les derniers hôtes que j'avois reçus dans mon camp, et qui demeuroient ordinairement près de lui, m'avoient appris que cet homme, sans aucune suite particulière, habitoit, comme le dernier de ses sujets, une hutte qui n'étoit ni plus grande ni mieux ornée que les autres; qu'il pouvoit tout comme eux devenir très-pauvre, si la mortalité s'introduisoit parmi ses troupeaux; que ses sujets ne lui devoient ni subsides ni impôts; qu'il n'avoit nul droit d'attenter à leur propriété; qu'en un mot ce n'étoit qu'un simple chef comme chez les Hottentots; que la seule différence remarquable entre ce chef et les autres, étoit qu'il commande à une nation plus nombreuse, et que sa place est héréditaire; mais que privé d'ailleurs de toute autre décoration extérieure et de tout appareil de royauté, il ne jouit que d'un pouvoir très-limité.

D'après ces détails, mon imagination avoit beaucoup rabattu des idées brillantes qu'elle s'étoit faites du roi; ne pouvant rien gagner à le voir, et désespérant de le rencontrer, tous mes vœux ne se tournèrent plus que vers le vaisseau naufragé. Sur le rapport de mes Caffres, je n'avois pas plus d'espoir de me satisfaire; cependant je tournois mes pas vers la côte, toujours bercé de l'idée chimérique que j'en obtiendrois des nouvelles plus certaines.

Nous ne trouvâmes par-tout que des huttes désertes; nul habitant, nulles traces d'humains ne s'offrirent à nos regards; en revanche, le buffle, la gazelle, et généralement toutes les espèces de gibier, abondoient dans tous les lieux que nous parcourions; ce qui prouve, mieux que de vains raisonnemens, que le Caffre n'est point autant chasseur que le Hottentot; qu'il vit moins que lui d'espérance, et qu'il compte plus sur son bled et sur son troupeau, que sur les ressources de l'adresse et de son habileté à manier la sagaye et la massue. Plusieurs éléphans que nous apperçûmes, ne nous donnèrent pas le temps de les joindre pour les tirer.

Depuis mon départ de Koks-Kraal, j'avois déjà fait en oiseaux une collection si considérable, que je ne savois plus où la placer; elle étoit certainement plus embarrassante par son volume que par sa pesanteur, quoique j'eusse toujours pris soin, après avoir apprêté chaque individu, de le coucher à plat pour ménager la place.

Le 15, nous traversâmes la petite rivière que nous avions suivie jusques-là, afin d'éviter des montagnes stériles et trop escarpées qui se présentoient à nous : nous fûmes ensuite obligés de décliner du côté du sud, parce que ne trouvant aucun chemin frayé, les circonstances et le local déterminoient seuls notre marche. Je fis lever à mes pieds une grande outarde, que je tuai; elle couvoit deux œufs, dont les petits, prêts à éclore, étoient entièrement couverts de leur premier duvet. J'étois charmé que le hasard m'eût procuré cet oiseau neuf pour moi; il me parut que le mâle et la femelle couvoient alternativement leurs œufs : celui que je venois de mettre à bas étoit le mâle; il portoit, derrière la tête, une huppe très-grande et très touffue en forme de capuchon. La femelle ne tarda pas à venir rôder autour de nous; elle sembloit nous observer, et jetoit de temps à autre un cri fort rauque; je m'étois flatté de l'abattre; c'est dans ce dessein que j'avois laissé les deux œufs dans le nid : mais, comme dans tous les environs il n'y avoit pas d'endroit où je pusse me mettre à l'affût sans qu'elle me vît, elle n'approcha point; je renonçai à mon projet, et continuai ma route.

Il est probable qu'il n'existoit pas un seul Caffre dans toute la partie que nous avions traversée jusqu'alors; car les coups de fusil que depuis quelques jours nous tirions continuellement, soit dans nos marches, soit dans nos divers campemens, auroient dû nous découvrir et les amener sur nous, puisqu'ils sont si peu craintifs : nous n'étions pas tous de même avis sur cet objet, qui faisoit, durant la marche, la matière ordinaire de nos conversations; les uns prétendoient qu'il devoit y avoir des Caffres, mais que n'étant pas en force ils n'osoient se montrer; les autres soutenoient qu'il n'y en avoit point, puisque nous n'en étions pas assaillis; mais lorsqu'il étoit question de la conduite que nous devions tenir si nous en rencontrions, tous déraisonnoient, et formoient les plans de défense les plus ridicules et les moins praticables. Seul, je pensois qu'il falloit essuyer la première décharge sans riposter, et tâcher d'en venir par la douceur à des explications avant que de nous servir de nos armes, qui nous assuroient l'avantage si nous étions forcés d'y recourir. Je ne doutois point que ce moyen ne réussît si nous nous voyions attaqués pendant le jour; pour la nuit, c'étoit autre chose : dans ce sage projet d'accommodement, je voyois des difficultés presqu'insurmontables, et c'étoit pour éviter toute espèce de malheur que nous avións constamment pris le parti de coucher à cinquante pas de ma tente, sur laquelle j'avois grand soin de laisser flotter mon pavillon, qui s'appercevoit d'assez loin. Cette petite ruse nous mettoit du moins à l'abri de la première surprise.

Nous ne cessions point, pour cela, nos

courses et nos chasses; l'eau devenoit moins abondante; je commençois à éprouver des craintes terribles. Un jour que le temps étoit resté couvert, ce qui nous avoit procuré une marche de plus de six heures, fort agréable et douce, j'apperçois Kees, qui tout-à-coup s'arrête, et qui portant les yeux et le nez au vent sur le côté, se met à courir, entraînant tous mes chiens à sa suite, sans qu'aucun d'eux donnât de la voix; étonné de ce manége si nouveau, n'appercevant rien qui pût les attirer si singulièrement, je pique des deux pour les joindre. Que je fus étonné de les trouver rassemblés autour d'une jolie fontaine, éloignée de plus de trois cents pas de l'endroit d'où ils venoient de détaler! Je fis signe à mes gens de s'approcher; ils arrivèrent, et nous campâmes près de cette source bienfaisante, qui prit sur-le-champ le nom du magicien qui l'avoit découverte.

J'aurai plus d'une fois occasion de rappeler des circonstances dans lesquelles l'instinct des animaux que j'avois avec moi m'a rendu de signalés services; ils m'ont tiré de plus d'une angoisse cruelle, sous lesquelles j'aurois succombé sans leur secours. Je n'ai jamais douté que l'homme n'ait reçu du Créateur, en égale proportion, les mêmes facultés; sa corruption insensiblement lui a tout fait perdre. Les sauvages, d'autant plus près de la nature qu'ils s'éloignent de nous, ont aussi les sens bien plus subtils; enfin, moi-même, et je me flatte d'inspirer quelque croyance, après avoir passé cinq ou six mois dans les forêts et les déserts, lorsqu'à leur imitation je présentois le visage de côté et d'autre, j'étois parvenu à sentir, à deviner comme eux, soit une rivière, soit une mare : nous ne manquions jamais d'y arriver.

Résolu de passer la nuit à *Keès-Fontein*, je profitai de ces momens de repos pour préparer l'outarde que j'avois tuée. Des nuages amoncelés dans le lointain nous annonçoient un violent orage; je fis décharger les bœufs, et ma tente fut dressée.

La pluie vint en abondance avant la nuit, mais elle ne dura pas long-temps; elle étoit à peine cessée, que déjà je rôdois de côté et d'autre pour épier de petits oiseaux. Dans un endroit peu écarté du campement, je vis tout-à-coup se lever à mes pieds deux de ces serpens d'un jaune doré, communs et si connus dans les colonies sous le nom de *Kooper-Capel*. Ces reptiles se dressèrent à ma vue, enflant prodigieusement leurs têtes, et sifflant de manière à m'effrayer. Je lâchai mon coup; je savois que la morsure de ces animaux est mortelle, et que la faculté de s'élancer les rend d'autant plus dangereux; l'un des deux tomba mort, l'autre rentra dans son trou. Je m'assurai de celui qui me restoit; il avoit cinq pieds trois pouces de longueur, et neuf pouces de circonférence dans sa plus forte épaisseur; outre une infinité de petites dents très-aigues et difficiles à distinguer, qui garnissoient sa gueule, il portoit de chaque côté de la mâchoire supérieure, à la hauteur des narines, un crochet de cinq lignes de long, jouant dans sa charnière, et qu'il pouvoit retirer comme les griffes du chat ou du tigre; mes Hottentots en cassèrent un. Comme j'aimois beaucoup à les entendre disserter sur l'Histoire naturelle, peut-être parce que je trouvois plus de vérités dans les raisonnemens tout grossiers de l'habitude et de l'expérience que dans les ingénieuses spéculations de nos savans, je leur fis sur mon serpent des questions auxquelles ils répondirent d'une façon plus satisfaisante encore que je ne m'y étois attendu; ils ne manquèrent pas de me faire observer, entr'autres singularités, que cette dent creusée en gouttière, étoit le conducteur qui versoit le venin dans la plaie qu'elle-même avoit faite. Telle est, si je ne me trompe, l'histoire du boicininga, autrement serpent à sonnettes, que j'ai souvent rencontré dans l'Amérique méridionale.

Je remarquai, dans cette occasion, toute la frayeur que ces animaux inspirent aux singes : il n'étoit pas possible de faire approcher Keès du serpent dont je venois de m'emparer, quoiqu'il fût entièrement expiré; je parvins cependant, pour m'amuser un moment, à le lui attacher à la queue; alors ne faisant pas un mouvement que le serpent n'en fît un autre, il est aisé de juger à quels sauts, à quels bonds, à quelle impatience, à quelle fureur se livra mon Keès pendant tout le temps que je laissai son fatal ennemi attaché à sa queue.

Lorsque la nuit fut close, nous apperçûmes dans le lointain un feu qui devoit être, autant que l'obscurité nous permettoit d'en juger, sur le sommet de quelque montagne, à trois lieues plus ou moins de distance. Malgré cet éloignement, dont nous n'étions pas sûrs, mes Hottentots croyoient appercevoir les ombres de quelques hommes qui passoient et repassoient devant le feu; ma lunette m'eut bientôt convaincu qu'ils avoient raison; mais étoient-ce des Caffres? étoient-ce ces détestables Bossismans, ennemis de toutes les nations indistinctement, voleurs de profession, avec lesquels il n'y a aucune espèce d'accommodement à espérer? Nous nous arrêtâmes à ce dernier soupçon, attendu que jamais les Caffres n'habitent la hauteur des montagnes; nous eûmes la précaution d'éteindre nos feux, et le reste de la nuit se passa tranquillement.

Le premier soin, à notre réveil, fut de tâcher de découvrir plus positivement d'où et de qui étoient les feux que nous avions apperçus; on ne pouvoit desirer de temps plus favorable pour découvrir la fumée. Il nous parut que les feux étoient éteints, elle ne se montroit plus; ainsi, privés d'un point fixe de direction, nous allions nous engager dans des gorges et des défilés où nous risquions de ne plus nous reconnoître : cependant, comme mes gens, dans la persuasion que ce n'étoient point des Caffres, paroissoient répugner moins à suivre notre route de ce côté, aux risques de tout ce qui pouvoit en arriver, et que nos desseins nous y conduisoient assez naturellement, nous empaquetâmes à l'instant nos équipages, et fîmes nos adieux à Keès-Fontein.

Nous eûmes à traverser une espèce de bois où les mimosa étoient en si grand nombre, tellement épais et si remplis d'ailleurs de broussailles, qu'à peine pouvions-nous faire dix pas sans être obligés de nous arrêter pour nous frayer un passage : j'en étois cruellement contrarié, sur-tout à cause de nos bœufs qui s'écartoient sans cesse pour se tracer des chemins de côté et d'autre. Nous sortîmes à la fin de cette cruelle forêt ; mais je suis persuadé qu'après tant de fatigues, de tours et de détours qui durèrent l'espace de trois heures, nous ne nous trouvions pas à plus d'une lieue de Keès-Fontein. Nous avions devant nous un fourré à-peu-près pareil à celui que nous venions de traverser ; pour l'éviter nous le longeâmes, en prenant notre direction plus au sud-ouest.

Couverts de sueur et de poussière, accablés de chaleur, après plus de six heures de marche, nous nous arrêtâmes à côté d'une lagune qui se présentoit à nous fort à propos. Un de mes chiens, qui s'étoit considérablement échauffé à la poursuite du gibier, faillit de périr; je le perdois, si Jean, qui l'apperçut dans l'eau, ne s'y fût lancé sur-le-champ pour l'en tirer. J'appuie sur cette circonstance, qui paroîtra tout au moins indifférente au commun des lecteurs, pour établir un fait dont je n'ai été témoin qu'en Afrique. Si-tôt qu'un chien très-échauffé se jette à l'eau pour se rafraîchir, il meurt le moment d'après s'il n'est secouru à temps. Dans une chasse avec M. Boers, un grand lévrier précédoit sa voiture d'une centaine de pas; il entra dans un petit ruisseau que nous devions traverser après lui : il expiroit lorsque nous arrivâmes. Aussi les chasseurs ont-ils le plus grand soin en Afrique, d'empêcher leurs chiens d'approcher de l'eau lorsqu'ils se sont beaucoup échauffés à courir les gazelles.

A peine campés et rafraîchis, j'envoyai quelques Hottentots à la découverte du côté sur-tout qui nous avoit inquiétés pendant la nuit. En moins d'une heure, j'eus des nouvelles de ce message. Je vis arriver un de mes gens, accourant pour me dire qu'il avoit apperçu une troupe de Caffres en marche. Aussi-tôt il nous conduisit, Hans et moi, par des détours, et nous mit à portée de nous instruire, par nos yeux, de ce que ce pouvoit être. Nous vîmes, en effet, dix hommes qui conduisoient paisiblement quelques bêtes à cornes; n'ayant rien à craindre d'un si petit nombre, nous nous présentâmes à une certaine distance: le premier mouvement de ces gens, effrayés sur-tout par nos armes à feu, fut de prendre la fuite; mais Hans leur criant, dans leur langue, qu'ils pouvoient s'approcher avec confiance, les fit arrêter sur-le-champ. Il se détacha pour aller leur parler. Lorsqu'il les eut convaincus que j'étois l'ami des Caffres, ils approchèrent tous: je les reçus familièrement et leur présentai la main en les saluant d'un tabé; leur frayeur disparut à la vue de ma barbe; ils avoient ouï parler de moi par ceux que j'avois reçus dans mon camp de Koks-Kraal. L'un d'eux étoit de la connoissance de Hans, qui l'avoit vu dans son pays. Je les ramenai tous à mon campement avec leurs bestiaux, et je les régalai de tabac et d'eau-de-vie; ils me montroient mon pavillon pour me faire comprendre qu'ils étoient bien instruits ; ils s'étonnoient de ne point voir mes voitures et toute ma troupe; mais ne voulant pas qu'ils sussent à quel point ils étoient redoutés des Hottentots, je leur fis entendre que j'avois voulu faire seulement une petite tournée dans leur pays, pour y prendre langue, et le parcourir ensuite plus à mon aise.

Ils me parurent empressés de savoir où se trouvoient actuellement les colons, s'ils les cherchoient encore, en un mot, quelles pouvoient être leurs intentions. Je les instruisis là-dessus comme il convenoit que je le fisse. J'avois vu les colons retirés tous au Bruyntjes-Hoogte, s'y tenir sur la défensive, et agités de terreurs non moins fortes que les Caffres mêmes. Ceux-ci venoient de m'apprendre que, pour regagner les hordes de leurs nations les plus voisines, il leur falloit encore, de l'endroit où j'étois, cinq grandes journées de marche : ainsi, calculant la distance qui les séparoit les uns des autres, et que je portois à-peu-près à une soixantaine de lieues, je pouvois, sans les tromper, diminuer leur crainte, et leur faire entendre que les colons n'étoient ni en état ni dans la disposition d'entreprendre un si long voyage. Cette déclaration les rassura. Ces pauvres gens étoient trop malheureux pour ne pas exciter ma pitié ; jamais les Caffres n'avoient été molestés comme ils l'étoient alors. Outre les pertes en hommes et en bestiaux qu'ils avoient essuyées de la part des blancs, ils en faisoient encore journellement du côté des Tamboukis, nation voisine qui, profitant de leur situation critique, se répandoit dans plusieurs cantons de la Caffrerie, égorgeoit tout ce qui s'offroit à sa rencontre. Ainsi, pressés des deux côtés par cette diversion, les Caffres manquant de munitions de guerre, et hors d'état de se défendre, battoient en retraite le plus qu'il leur étoit possible, et s'enfonçoient au plus loin vers le nord, pour éviter deux ennemis auxquels ils ne pouvoient résister. Un troisième non moins redoutable, le Bossisman, les pilloit et les massacroit par-tout où il les rencontroit.

J'étois étonné, d'après ce que m'avoient appris ces gens, qu'ils se fussent si fort éloignés de leurs hordes ; qu'ils errassent à l'aventure, sans trop savoir où porter leurs pas ; ils me dirent qu'au moment de la première incursion des blancs, on avoit fait refluer précipitamment et pêle-mêle tous les troupeaux, soit du côté de la mer, soit dans d'autres endroits enfoncés de la Caffrerie; mais que n'entendant plus parler d'hostilités nouvelles, ils avoient risqué de quitter leurs hordes, et d'aller reconnoître et ramener les bestiaux dispersés à l'aventure. Ils en avoient en effet une trentaine avec eux; lorsque je leur parlai des feux que nous avions apperçus pendant la nuit, ils m'assurèrent que c'étoient les leurs; mais qu'ils n'avoient point vu les miens, qui les auroient fort inquiétés. Je les questionnai aussi sur le navire naufragé : ils ne firent que me répéter ce que m'avoient appris les autres; c'est-à-dire que ce navire avoit effectivement péri au-dessus des côtes de la Caffrerie. D'après ces indices, je jugeois que ce malheureux événement étoit arrivé au-delà du pays des Tamboukis, à la hauteur de Madagascar, vers le canal de Mosambique; ils ajoutoient que, sans savoir les difficultés qu'on pouvoit rencontrer après leurs limites, il falloit, entr'autres rivières, en franchir une trop large pour la traverser à la nage, ou bien remonter beaucoup au nord pour la trouver guéable ; que, cependant, on avoit vu plusieurs blancs chez les Tamboukis ; que, pour eux, ils avoient échangé quelques marchandises avec les mêmes Tamboukis, et surtout beaucoup de cloux provenus du déchirage du navire ; mais qu'étant maintenant en guerre avec ces peuples, ils ne pouvoient plus en tirer le fer dont ils avoient si grand besoin : alors ils me prièrent de leur en donner ; refrain ordinaire de ces malheureux, auquel je m'étois attendu. Triste prière que je payai d'un cruel refus !

En revanche, je leur distribuai de tout ce que je portois avec moi, soit verroterie, soit colifichets, briquets, amadou, et force tabac ; ils m'offrirent et me conjurèrent d'accepter un couple de leurs bœufs : je leur fis répondre que, loin de penser à les priver d'un bien aussi précieux à d'infortunés humains, j'aurois desiré me trouver en situation d'augmenter leurs bestiaux ; cette marque de bonté les toucha d'autant plus, qu'ils regardent le blanc comme l'être le plus dangereux et le plus malfaisant qui soit sur la terre. Ils me firent, avec cette timidité ingénue qui craint même de fâcher celui qu'on va louer, un aveu dont l'impression m'est long-temps restée dans l'ame. Hans me déclara, de leur part, en termes très-énergiques, que je ressemblois au seul *honnête homme* de ma race qu'ils eussent jamais rencontré; ils l'avoient vû, cet honnête homme, quelques années auparavant, sur la rivière des Bossismans, lorsqu'ils l'habitoient, et que les colons n'avoient pu réussir encore à les en chasser; c'étoit, me disoient-ils, un homme qui, comme moi, voyageoit par curiosité. Je n'eus pas de peine à reconnoître le colonel Gordon; ils furent enchantés d'apprendre que nous étions liés d'amitié; ils me chargèrent même de l'intéresser pour eux lorsque je serois de retour au Cap, de faire au gouvernement le rapport véridique et le tableau le plus touchant de leur misère, et du cruel abandon où les avoit jetés l'injustice atroce de leurs persécuteurs.

Je passai cette journée entière à m'entretenir avec ces Caffres de tout ce qui pouvoit m'intéresser touchant leurs mœurs, leurs usages, leur religion, leurs goûts, leurs ressources, et je trouvois leurs réponses toujours conformes à ce que m'avoient appris déjà les premiers que j'avois vus; ils me contoient, avec autant de bonne foi, ce qui pouvoit les inculper, que ce qui pouvoit leur faire honneur. Mes Hottentots eux-mêmes les trouvoient si paisibles et si confians, qu'ils m'engagèrent, lorsque la nuit fut venue, à leur permettre de rester tous au milieu de nous. Je conversai encore quelque temps avec eux, et j'allai m'enfermer dans ma tente afin de me disposer aux fatigues du lendemain.

Dès que le jour fut venu, tandis que les Caffres faisoient les préparatifs de leur départ, j'assemblai mes Hottentots ; les réflexions que cette familiarité avec des sauvages qu'ils redoutent plus que les bêtes féroces mêmes, les avoit mis à portée de faire ; leurs discours entr'eux, lorsque je m'étois retiré dans ma canonnière, avoient achevé de me décider. Ne voulant point leur laisser le mérite du parti le plus sage que nous eussions à prendre dans les circonstances présentes, mais, au contraire, très-jaloux qu'ils prissent de moi des idées de prudence et de sang-froid, utiles à mes projets quels qu'ils fussent dans la suite, je leur dis qu'après ce qu'ils avoient ouï, comme moi, la veille, sur les difficultés de pousser plus loin, sur les risques d'être assailli par les Tamboukis et les Bossismans qui parcouroient la Caffrerie, mon intention étoit de me rapprocher de Koks-Kraal; qu'en conséquence, si nous dirigions notre route droit à l'ouest, nous ne pouvions manquer la rivière Groote-Vish; qu'alors, en la remontant, suivant les apparences, plusieurs jours, nous devions immanquablement nous revoir bientôt dans notre camp; qu'au surplus chacun pourroit dire librement ce qu'il pensoit de ma proposition. Je voyois trop sur les visages de tout mon monde le plaisir qu'il en ressentoit pour n'être pas sûr de le trouver de mon avis; et l'on me fit unanimement les honneurs d'une idée à laquelle ils avoient tous autant de prétention que moi. J'observerai ici que je ne pouvois plus espérer d'accroître ma collection, que je ne savois plus où placer, tant elle étoit volumineuse.

Je déclarai ensuite que, rendus à Koks-Kraal, je n'y ferois d'autre séjour que celui qui seroit nécessaire pour réparer nos équipages et nous mettre en route vers les montagnes de Neige, de-là retourner au Cap, en passant encore plus à l'ouest. Je savois que ce plan n'étoit du goût de personne, parce que, traversant ces déserts arides et dépouillés dans le temps de la grande sécheresse, chacun de nous devoit s'attendre à plus d'une disgrace fâcheuse; mais, impatient de connoître les curiosités naturelles que renferme ce pays, j'avois formé le dessein irrévocable de le traverser, et l'ouverture que j'en faisois actuellement n'étoit qu'une ruse par laquelle je voulois familiariser de bonne heure, avec cette idée, ceux de mes gens que j'avois avec moi, afin que, de retour au camp, ils pussent en faire plus naturellement la confidence à leurs camarades, et s'étonner davantage de leur résistance, s'ils devoient en montrer.

Avant de me séparer des Caffres, je leur fis encore, ainsi qu'à mes Hottentots, une forte distribution de tabac, et je n'en conservai que ce qu'il nous en falloit pour nous rendre au camp; cela me procura de la place pour les oiseaux qui m'embarrassoient et ceux que je pourrois rencontrer sur la route; ces dix sauvages nous aidèrent à empaqueter, à charger nos bœufs; après quoi, nous souhaitant réciproquement bon voyage, nous suivîmes deux chemins opposés, eux vers le nord, nous vers le sud.

Nous mîmes trois jours entiers, pendant

lesquels il ne nous arriva rien de remarquable, à gagner les bords tant desirés du Groote-Vish. Cette marche forcée avoit considérablement fatigué nos porteurs et nous-mêmes ; nous étions cruellement harassés ; je résolus, autant pour reprendre haleine que pour voir si je ne découvrirois rien dans les environs, de passer tout le lendemain sur les bords de cette rivière. Nous étions actuellement sans inquiétude relativement à l'eau, quoiqu'à la vérité nous n'en eussions pas manqué pendant les trois jours que nous avions mis à chercher la rivière qui devoit nous reconduire chez nous ; mais nous ne pouvions assigner précisément le temps que nous employerions à suivre son cours jusqu'à notre camp : il étoit possible que de hautes montagnes, et d'autres causes, forçassent le Groote-Vish, avant de se jeter à la mer, de former quelques coudes qui nous auroient contraints à prolonger notre marche. Nous le remontâmes assez paisiblement pendant trois autres journées, mais toujours en le côtoyant ; enfin, dans la matinée du quatrième, nous reconnûmes la montagne en table, dont nous avions vu le revers dans les premiers jours de notre départ, et à laquelle je donnai le nom de Montagne du Retour, parce que c'est de sa position que je pris mon point de départ, en quittant le pays des Caffres. Sa vue excita parmi nous des cris de joie : nous allions retrouver nos foyers, notre camp, nos troupeaux, toutes nos richesses et tout notre monde. Nous forçâmes la marche; et le soir, un peu tard à la vérité, sans qu'on nous eût découverts, nous arrivâmes au camp : tout étoit plongé dans le plus grand calme. Je ne pus jouir de l'étonnement délicieux de cette arrivée précipitée, le vacarme affreux des chiens donna sur-le-champ l'éveil; on accourut à nous; on reconnut nos voix; jusqu'aux bêtes les plus insensibles, tout sembloit prendre part à la joie commune : nous ne pouvions sur-tout nous débarrasser des chiens qui nous étourdissoient de leurs sauts et de leurs aboiemens précipités. Mais un autre spectacle ne me parut pas moins intéressant; ma famille s'étoit considérablement accrue; à mon départ, un petit détachement de la colonie de ces bons Gonaquois avoit quitté la horde, et étoit venu s'établir à l'endroit même que j'avois assigné aux Caffres; ils y avoient construit plusieurs huttes nouvelles : on m'apprit, et je vis assez par l'ordre admirable qui régnoit dans le camp, que tout avoit été tranquille pendant mon absence ; on s'étoit entretenu de nous tous les soirs : Swanepoël me rendit, de chacun en particulier, les meilleurs témoignages. Après la première quinzaine écoulée sans apprendre de mes nouvelles, il n'avoit pu, me dit-il, se défendre d'un peu de terreur ; il craignoit de ne me plus revoir qu'au Cap, persuadé qu'à moins que je ne rencontrasse des obstacles invincibles, je percerois toujours en avant, tant que les munitions ne me manqueroient pas.

J'avouerai bonnement que, privé pendant près d'un mois de l'aisance et des douceurs de mon camp, j'étois enchanté de m'y voir de retour. Quelle satisfaction ne ressentois-je pas au-dedans, de tout l'attachement et de la fidélité de ces Hottentots si timides et si foibles, que je n'avois pas craint d'abandonner à eux-mêmes ? Il étoit temps de leur prouver ma reconnoissance; j'annonçai à haute voix qu'il étoit *samedi :* cette déclaration, qui courut bientôt de bouche en bouche jusqu'aux Gonaquois mêmes, mit le comble à l'effervescence qui les agitoit. Cette circonstance exige une explication, et je m'y prête avec un nouveau plaisir; car le souvenir de ces petits, mais délicieux moyens par lesquels je savois varier mes loisirs, et me faire, dans un désert inhabitable, du plus simple objet un objet de plaisanterie et d'amusement, annonce une grande tranquillité, et fait qu'au sein même des arts et de toutes les agitations de l'amour-propre, je me cherche souvent, et gémis de ne me point reconnoître.

En partant du Cap, j'avois négligé de prendre un almanach; cependant, afin de pouvoir compter sur quelque chose, et que mon Journal fût exact, j'avois fixé tous les mois à trente jours. Comme je n'en passois jamais un sans me rendre compte, il m'étoit assez indifférent de distinguer les semaines, et de connoître chaque jour par son nom; mais j'étois convenu de distribuer à mes Hottentots leurs rations de tabac tous les samedis. S'il arrivoit que, ne voulant pas me donner la peine de consulter mon livre, je leur demandasse le jour que nous tenions, j'aurois fait d'avance la réponse; suivant leur calcul, c'étoit samedi: de telle sorte qu'en compulsant mon registre, après quinze mois de voyage, j'ai trouvé sept ou huit de ces samedis qui n'avoient point de semaine.

Je me vis donc, comme par le passé, entouré de ma nombreuse famille ; et, tandis que tout fumoit sa pipe près d'un grand feu, jusqu'aux femmes Gonaquoises, et que chacun savouroit sa double ration d'eau-de-vie, je reprenois avec plaisir le régime de la crême et du thé.

Je parlai le lendemain de la route que je comptois tenir, chacun en étoit déjà informé ; je n'essuyai pas autant de remontrances et d'objections que je m'y étois attendu ; je sentois que mon voyage touchoit à son terme, et que tout ce monde, épuisé de fatigues, trouvoit bons tous les chemins qui paroissoient nous rapprocher du Cap : cependant le passage par les *Sneuw-Bergen* (Montagnes de Neige), vrai repaire des Bossismans, faisoit trembler plus d'un de mes braves. Je fixai ce départ à la huitaine, afin d'avoir le temps de réparer nos voitures, faire une nouvelle charpente pour la tente de la mienne, en doubler la toile avec des nattes fraîches, remplacer les vieux traits avec des peaux de buffles tués pendant mon absence, enfin couler des balles et du petit plomb, ce qui demandoit beaucoup de temps. Il n'en falloit pas moins non plus pour mettre ordre à la collection que j'avois faite en Caffrerie, et consigner dans mon Journal le résultat de mes recherches sur ce pays et sur ses peuples : nos amis mirent la main à l'ouvrage pour l'accélérer un peu ; et moi je m'enfonçai dans ma tente, et m'empressai, tandis que ma mémoire en étoit encore pleine, de rédiger mes propres observations et le peu que j'avois pu recueillir d'intéressant des Caffres eux-mêmes, sur leurs mœurs et leurs usages.

A juger cette nation d'après les individus que j'ai vus, leur taille est généralement plus haute que celle des Hottentots et même des Gonaquois : enfin le Caffre le plus grand que j'ai mesuré, avoit cinq pieds huit pouces, et je n'en ai pas vu un seul au-dessous de cinq pouces. Il est vrai que j'ai remarqué plusieurs Gonaquois dont la taille atteignoit la même dimension ; mais les Caffres sont en général d'une stature plus élevée, et surtout plus robustes : ils sont également plus fiers et plus hardis ; leur figure est aussi plus agréable, en ce qu'on ne leur voit point de ces visages rétrécis par le bas, ni cette saillie des pommettes des joues, si désagréable chez les Hottentots, et qui déjà commence à s'effacer chez les Gonaquois. Ils n'ont pas non plus cette face large et plate, ni les lèvres épaisses de leurs voisins les nègres du Mosambique; ils ont, au contraire, la figure ronde, un nez élevé, pas trop épaté, et une bouche meublée des plus belles dents du monde. Leurs grands yeux qu'ombrage un front large et haut, sur lequel se dessine agréablement la naissance de leurs cheveux, leur donnent un air ouvert et spirituel; et, si le préjugé fait grace à la couleur de la peau, qui est chez eux d'un beau noir bruni, je puis assurer qu'il est telle femme Caffre qui passeroit pour très-jolie à côté d'une Européenne. Ces peuples ne rendent point leurs visages ridicules en épilant leurs sourcils comme les Hottentots; mais ils se tatouent quelquefois, particulièrement la figure; leurs cheveux, très-crépus et d'un noir d'ébène, ne sont jamais graissés: il n'en est pas de même du reste de leur corps, c'est un moyen qu'ils emploient dans la seule vue d'entretenir la souplesse et la vigueur.

Dans la parure, les hommes en général sont plus recherchés que les femmes; ils aiment beaucoup la verroterie, les anneaux et les plaques de cuivre; presque toujours on leur voit, soit aux bras, soit aux jambes, des bracelets faits avec des défenses d'éléphant; ils en scient en rouelles la partie creuse, et laissent à ces anneaux naturels plus ou moins d'épaisseur; il n'est plus question que de les polir et de les arrondir extérieurement; ces gros anneaux ne pouvant s'ouvrir, il faut que la main puisse y passer pour les couler au bras; ce qui fait qu'ils sont toujours aisés, et qu'ils jouent continuellement l'un sur l'autre. Si l'on donne à des enfans des anneaux moins larges, à mesure qu'ils grandissent le vide se remplit, et cette presqu'adhérence est un luxe qui flatte beaucoup ceux qu'on a ainsi décorés dès leur jeune âge. Ils se font encore des colliers avec des osselets d'animaux enfilés, auxquels ils savent donner la blancheur et le poli le plus parfait. Quelques-uns se contentent de l'os entier d'une jambe de mouton, et cet ornement figure assez bien sur la poitrine; c'est une mouche sur le visage d'une jolie femme. Le Gonaquois, comme on le peut voir dans la planche qui le représente, a la même coquetterie. Quelquefois

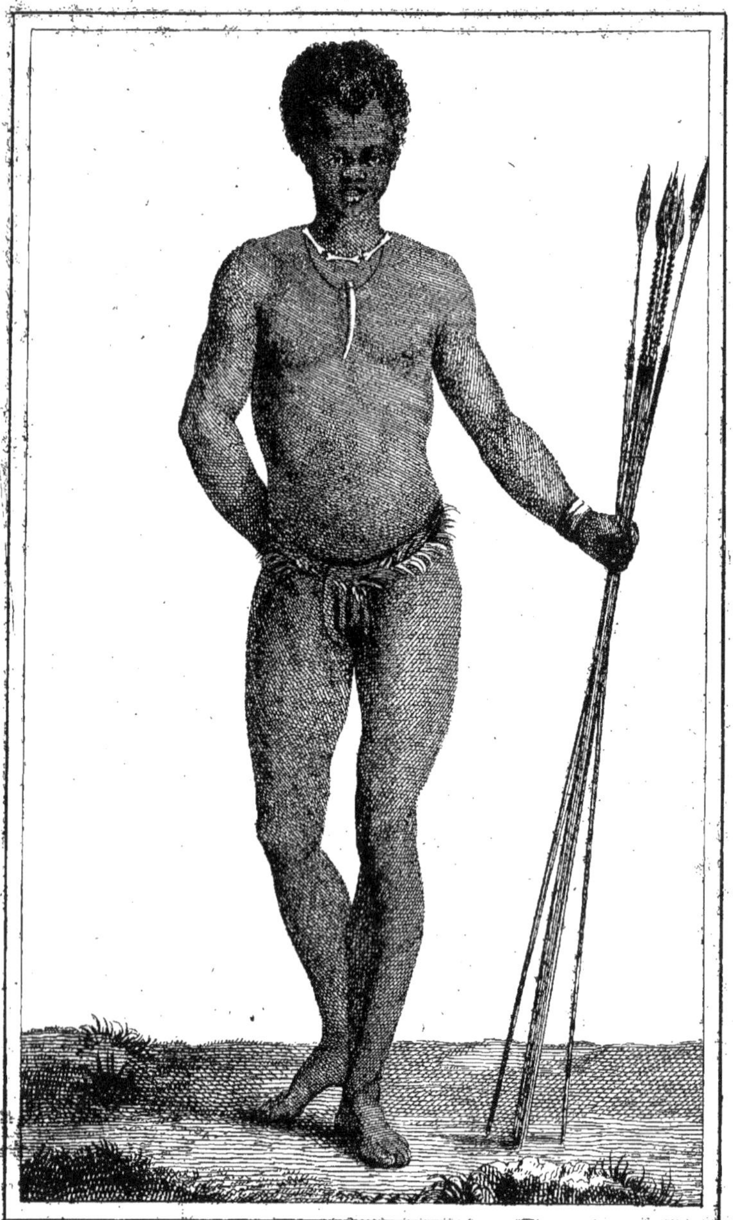

JEUNE CAFFRE.

Tom. 2. Pag. 281.

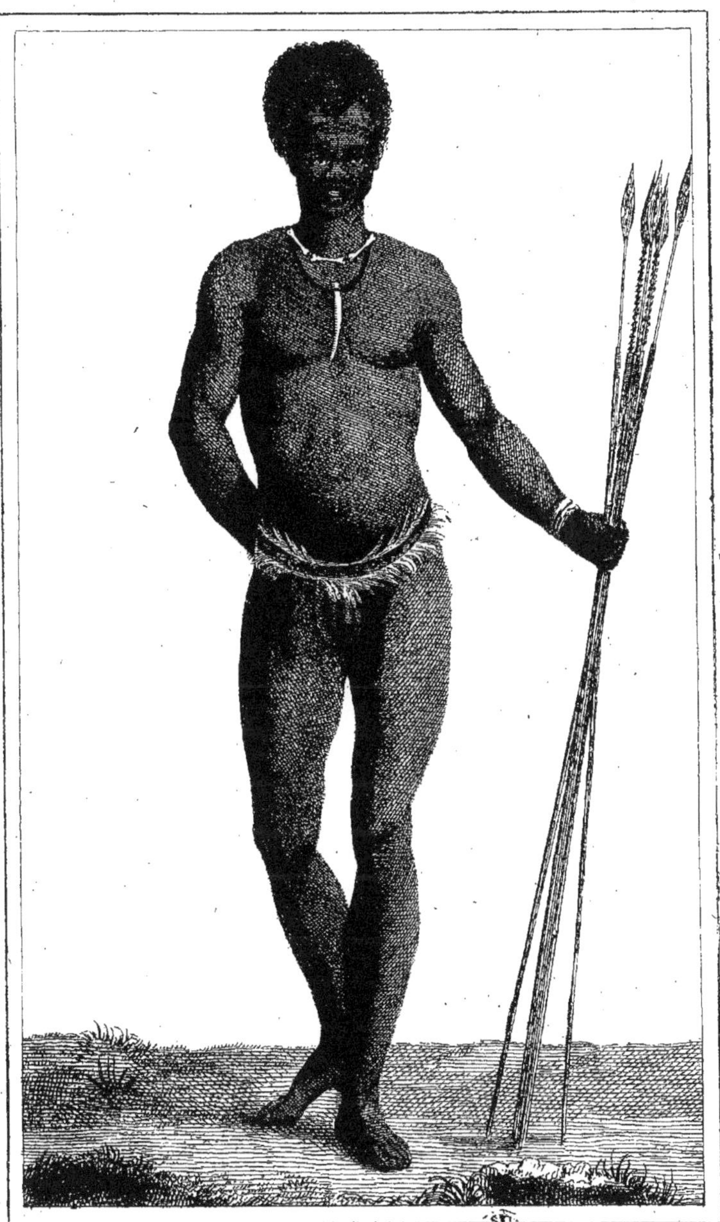

JEUNE CAFFRE. Tom. 2. Pag. 281.

aussi ils remplacent cet os par une corne de gazelle ou toute autre chose, selon leur caprice. On verroit, je crois, autant de variétés et de bizarreries dans leurs ajustemens, qu'on en voit en Europe, s'ils avoient les mêmes moyens et les mêmes ressources. Ils sont assez constans dans leurs habillemens, parce qu'ils ne pourroient remplacer par aucune étoffe les peaux dont ils se couvrent. Il paroîtroit qu'ils sont moins pudiques que les Hottentots, parce qu'ils ne font point usage du jakal pour cacher les parties naturelles : un petit capuchon de peau, qui ne couvre que le gland, loin de paroître modeste, annonce la plus grande indécence ; ce petit capuchon tient à une courroie qui s'attache à la ceinture uniquement pour ne pas le perdre ; car s'il ne craint point de piqûres ou de morsures d'insectes, le Caffre s'inquiette peu que le capuchon soit en place ou non. Je n'ai vu qu'un seul homme qui portât, au lieu du capuchon, un étui de bois sculpté ; c'étoit une nouvelle et ridicule mode plus indécente encore, qu'il avoit prise chez un peuple de noirs éloigné de la Cafferie. Dans la saison des chaleurs, le Caffre va toujours nu ; il ne conserve que ses ornemens, et ses armes sans lesquelles il ne marche jamais. Ainsi que le Hottentot, il se sert aussi d'une queue de jakal, ou de hiène, ou de chien sauvage, qui lui sert à s'essuyer le visage et le corps quand il sue : dans les jours pluvieux, il s'enveloppe le corps d'un *kros* ou ample manteau de peau de veau ou de vache, dont les poils sont enlevés, et qui descend souvent jusqu'à terre. La figure que je joins ici peut donner au lecteur une idée parfaite d'un jeune Caffre en habit d'été, tenant en main son faisceau de sagayes ou assagaye.

Une particularité qui peut-être ne se rencontre nulle part, et qui mérite de fixer l'attention, c'est que les femmes Caffres ne font, en général, pas autant de cas de la parure que les hommes ; comme elles sont, en comparaison des autres sauvages, bien faites et jolies, auroient-elles donc de plus le bon esprit de croire que les ornemens sont moins faits pour ajouter à la beauté que pour masquer des imperfections? Quoi qu'il en puisse être, on ne leur voit jamais l'étalage et la profusion de la coquetterie hottentote. Elles ne portent pas même de bracelets de cuivre; leurs petits tabliers, plus courts encore que

FEMME CAFFRE

T. Tom. 2. Pag. 283.

FEMME CAFFRE. *Tom. 2. Pag. 283.*

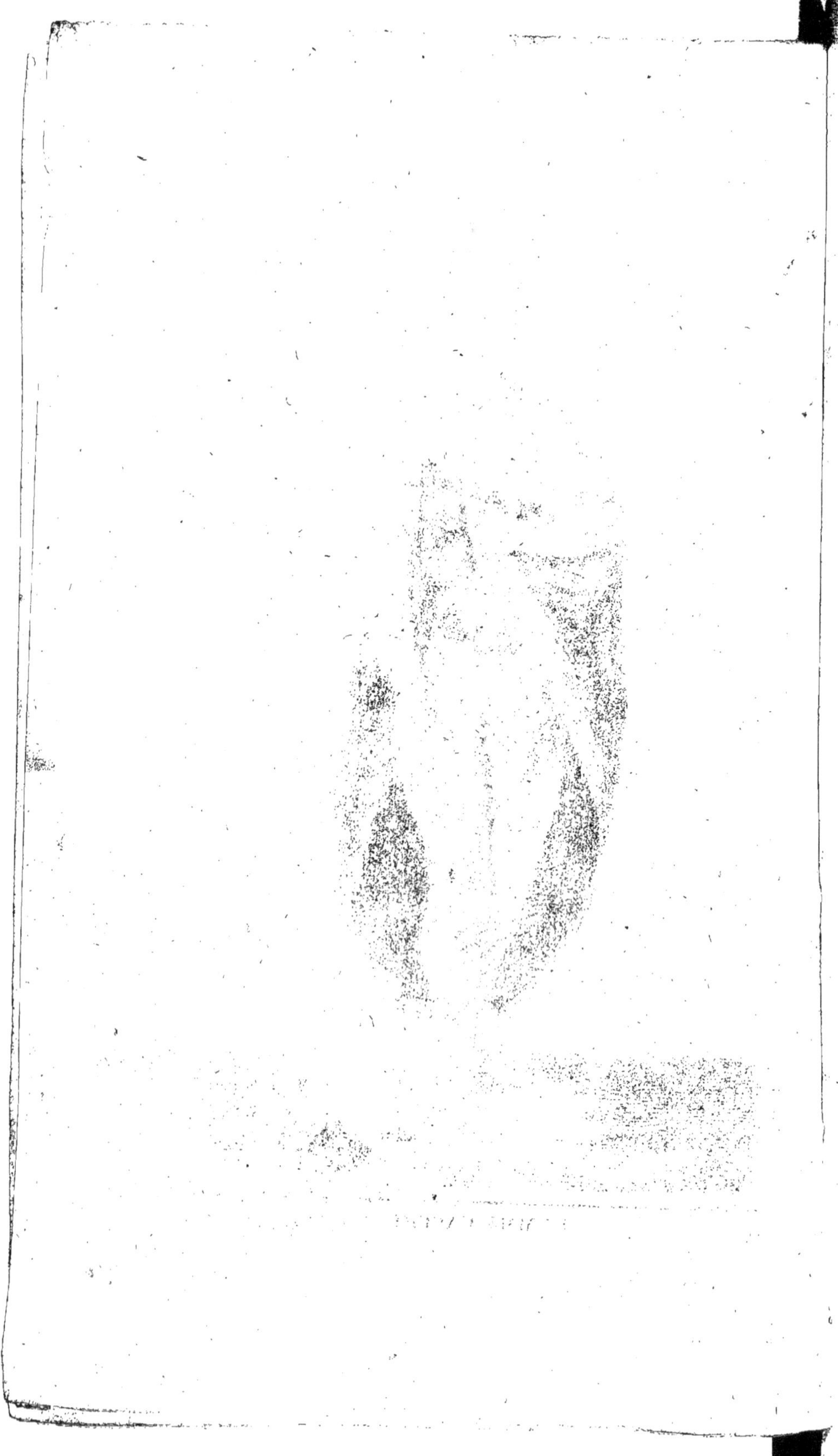

ceux des Gonaquoises, ne sont bordés souvent que de quelques rangs de verroterie : voilà leur plus grand luxe. La peau que les Hottentotes portent sur les reins par-derrière, les femmes Caffres la font remonter jusqu'aux aisselles, et l'attachent au-dessus de la gorge qui en est couverte. Elles ont aussi, comme leurs maris, le kros ou manteau, soit de peau de veau ou de vache, mais toujours ras ; les uns et les autres, à moins qu'ils ne soient parvenus à un certain âge, ne s'en servent que dans la saison pluvieuse, ou lorsqu'il fait froid. Ces peaux sont aussi maniables, aussi moelleuses que nos plus fines étoffes. Quant aux procédés de la mégisserie des Caffres, ils sont à-peu-près les mêmes que ceux des Hottentots. Je donne ici le portrait d'une jeune femme Caffre en habit d'été, donnant à téter à son enfant, qu'elle porte sur le dos comme les Hottentotes.

Quel que soit le temps, quelle que soit la saison, jamais les deux sexes ne couvrent leur tête d'un bonnet à la manière des Hottentots; mais j'ai souvent remarqué une plume ou quelques plaques de cuivre attachées dans les cheveux, et quelquefois aussi seulement des petites pièces triangulaires ou quarrées, soit de peau de zèbre, ou de tout autre animal féroce qu'ils ont tué à la chasse.

Les précautions des femmes Caffres, dans leurs accouchemens et dans leurs incommodités périodiques, sont absolument semblables à celles des Gonaquoises ou Hottentotes.

Leurs occupations journalières se bornent à façonner de la poterie, qu'elles travaillent aussi adroitement que leurs maris; celles que j'avois eues dans mon camp, y ayant trouvé de la terre glaise qui leur convenoit, n'avoient point perdu cette occasion de se faire des marmites et autres vaisselles à leur usage; elles n'avoient pas manqué, à leur départ, d'emporter une grande provision de cette terre, dont elles avoient chargé leurs boeufs : ce sont encore ces femmes, comme je l'ai dit, qui travaillent les paniers; ce sont elles qui préparent aussi les champs à recevoir les semences; elles grattent la terre avec des pioches de bois plutôt qu'elles ne la labourent.

Les cabanes caffres, plus spacieuses et plus élevées que celles des Hottentots, ont aussi la forme plus régulière; c'est absolument un demi-globe parfaitement arrondi; la carcasse en est faite avec une espèce de treillage bien solide et bien uni, parce qu'il doit durer long-temps; on l'enduit ensuite, tant en dedans qu'en dehors, d'une espèce de torchis ou d'algamasse de bouze et de glaise battues ensemble, bien uniment répandu; ces huttes offrent à l'œil un air de propreté que n'ont certainement point les demeures hottentotes, on les croiroit badigeonnées : la seule ouverture qui soit à ces cabanes est tellement étroite et basse, qu'il faut se mettre à plat-ventre pour y pénétrer. Cette coutume me parut d'abord extravagante, et renchérir beaucoup sur celle des Hottentots; mais comme ces huttes sont toujours construites sous des arbres, à l'ombre desquels les Caffres passent la journée, elles ne servent absolument qu'à passer la nuit et à serrer leurs armes : il est donc bien plus facile, au moyen de leurs petites entrées, de s'y clore et de s'y défendre, soit contre les animaux, soit contre les surprises de l'ennemi. Le sol intérieur est enduit comme les murs; dans le centre on ménage un petit âtre ou foyer circulairement entouré d'un rebord saillant de deux ou trois pouces pour contenir le feu et mettre la cabane à l'abri de ses atteintes. Dans le tour extérieur, et à cinq ou six pouces de la cabane, on creuse un petit canal profond d'un demi-pied, et qui porte autant de largeur; ce canal est destiné à recevoir les eaux : cette précaution éloigne toute espèce d'humidité. J'ai visité et parcouru dans différens cantons plus de sept à huit cents huttes, jamais je n'en ai vu une seule qui fût quarrée, comme on l'a dit : d'ailleurs je crois qu'il importe peu au lecteur de savoir si ces sauvages sont logés quarrément ou rondement; mais c'est une remarque qui m'a prouvé que cette manière de vouloir tout dire, décèle tôt ou tard le voyageur qui n'a pas tout vu. Au reste, le lecteur peut voir dans la planche où j'ai donné un de mes campemens dans une horde détruite de Caffres, la différence qui existe réellement entre une hutte caffre et une hutte hottentote.

Les terres de la Caffrerie étant, soit par elles-mêmes, soit par leurs positions, soit aussi par la quantité de ruisseaux et de rivières qui les rafraîchissent, beaucoup plus fertiles que celles des Hottentots, il s'ensuit nécessairement que les Caffres, qui d'ailleurs s'entendent à la culture, sont aussi bien moins nomades et généralement plus sédentaires que les Hottentots, et c'est ce qui arrive quand on ne va point troubler leur repos; le terrein qui les a vu naître les voit mourir, à moins qu'ils ne soient assaillis, je ne dis pas seulement par de barbares persécuteurs, avides de leur sang, mais par quelques-uns de ces fléaux destructeurs, qui n'épargnent pas plus les hommes que les animaux, et qui dans un moment couvrent de deuil d'immenses pays. Un logement agréable et solide, placé près d'un ruisseau, au milieu du champ défriché qu'on a reçu de ses pères, n'en est-ce pas assez pour enrichir l'idiome caffre du doux nom de patrie, que ne connoîtra jamais l'errante insouciance du Hottentot?

J'ai cependant fait une remarque qui, pour être étrange, n'en est pas moins certaine et générale; malgré les forêts et les bois superbes qui couvrent la Caffrerie, malgré ces pâturages magnifiques qui s'élèvent de façon à dérober aux yeux les troupeaux épars dans les champs, malgré les rivières, dont ils nomment les principales : *Magourhaani*, *Beegha-Khoum* et *Rhiss-Koomatt*, et malgré les ruisseaux nombreux qui se croisent en mille sens divers pour rendre ce beau pays fécond et riant, les bœufs, les vaches et presque tous les animaux y sont plus petits que ceux des Hottentots; cette différence provient assurément de la nature de la sève, et d'un goût sûr qui prédomine dans toutes les espèces d'herbages. J'ai fait cette observation non-seulement sur les animaux domestiques des cantons qui me sont connus, mais aussi sur tous ceux qui sont sauvages, et je les ai trouvés réellement plus petits que ceux que j'avois vus précédemment dans les pays secs et arides. J'ai remarqué, dans mon voyage chez les Namaquois, qui n'habitent que des rochers et la terre la plus ingrate peut-être de l'Afrique entière, qu'ils avoient les plus beaux bœufs que j'eusse rencontrés, et qu'il n'est pas, jusqu'aux éléphans et hippopotames qui ne fussent plus forts que par-tout ailleurs; aussi le peu de pâturage qui se trouve dans ces lieux maudits, est-il fort doux et fort suave; cette qualité des plantes se distingue aisément; j'avois, pour cela, un moyen infaillible : lorsque j'arrivois dans un canton nouveau, quand mon troupeau revenoit de la pâture je jugeois de l'âpreté des herbes, par l'empressement avec lequel il se répandoit dans mon camp pour y chercher de tous côtés les os que mes chiens avoient abandonnés : ils soulageoient leurs dents vivement agacées, en rongeant ces os qui, par leur nature calcaire, devoient en effet émousser et éteindre l'agacement et l'acidité qui les tourmentoient; jamais nous ne jetions les os dans le feu; lorsque nous en manquions, du bois sec ou même des pierres y suppléoient; et même à défaut de tout cela, ils se rongeoient mutuellement les cornes : quand les pâturages étoient excellens cette cérémonie n'avoit jamais lieu.

Une industrie mieux caractérisée, quelques arts de nécessité première, il est vrai, un peu de culture et quelques dogmes religieux, annoncent dans le Caffre une nation plus civilisée que celles du côté du sud: la circoncision qu'ils pratiquent généralement prouveroit assez, ou qu'ils doivent leur origine à d'anciens peuples dont ils ont dégénéré, ou qu'ils l'ont simplement imitée de voisins dont ils ne se souviennent plus; car, lorsqu'on leur parle de cette cérémonie, ce n'est, selon eux, ni par religion ni par aucune autre cause mystérieuse qu'ils la pratiquent ; et ce qu'il y a de particulier, c'est qu'ils ne font subir à leurs enfans cette opération qu'à l'âge de huit à neuf ans, et qu'avant ce moment le jeune Caffre ne voile jamais cette partie. Ces peuples ont une très-haute idée de l'Auteur des êtres et de sa puissance ; ils croyent à une autre vie, à la punition des méchans, à la récompense des bons, mais ils n'ont point d'idée de la création ; ils pensent que le monde a toujours existé, qu'il sera toujours ce qu'il est : ils ne se livrent, du reste, à aucune pratique religieuse, ne prient jamais, en sorte qu'on pourroit très-bien dire qu'ils n'ont point de religion s'il n'y a point de religion sans culte : ils sont eux-mêmes les instituteurs de leurs enfans, et n'ont point de prêtres. En revanche, ils ont des sorciers que la plus grande partie révère, et craint beaucoup ; je n'ai jamais joui de la satisfaction d'en joindre un seul : je doute fort, malgré tout leur crédit, qu'ils en imposent autant que les nôtres à la multitude.

Les Caffres se laissent gouverner par un chef général, ou, si l'on veut, une espèce de roi. Son pouvoir, comme j'ai eu occasion de l'observer, est très-borné; ne recevant point de subsides, il ne peut avoir aucune troupe à sa solde : il est loin du despotisme. C'est le père d'un peuple libre; il n'est ni respecté ni craint, il est aimé. Souvent il est moins riche que plusieurs de ses sujets, parce que, maître de prendre autant de femmes qu'il en veut, et ces femmes se faisant un honneur de lui appartenir, la dépense que son train royal occasionne, et qu'il est obligé de prendre dans sa caisse particulière, je veux dire dans son champ et ses bestiaux, etc. souvent le ruine et réduit ses propriétés à rien. Sa cabane n'est ni plus haute ni mieux décorée que les autres; il rassemble sa famille et son sérail autour de lui, ce qui compose un groupe de douze ou quinze huttes tout au plus. Les terres qui l'environnent sont ordinairement celles qu'il cultive : c'est un usage que chacun récolte lui-même ses grains pour en disposer à sa manière; c'est la nourriture favorite des Caffres; ils les écrasent et les broyent entre deux pierres : c'est aussi, pour cette raison, que chaque famille s'isolant pour avoir ses productions à sa portée, une horde seule qui ne seroit pas fort nombreuse peut occuper souvent une lieue de terrein ; ce qu'on ne voit jamais chez les Hottentots ni les Gonaquois. Les Caffres, outre l'espèce de millet qu'ils cultivent, récoltent encore le tabac, le chanvre, dont ils fument les feuilles, qu'ils nomment *dagha ;* ils plantent aussi des melons-d'eau, des citrouilles, et font grand usage du palmier, nommé pain des Hottentots, qui est très-abondant dans leur pays, et dont ils font, avec la moelle qu'ils laissent aigrir, une pâte qu'ils cuisent dans un four pratiqué sous terre. Ils sont encore dans l'usage de faire une boisson très-enivrante, avec leur millet qu'ils laissent fermenter avec de l'eau et du miel, et dont ils font grand usage.

L'éloignement des différentes hordes entr'elles exigeant qu'on leur donne des chefs, c'est le roi qui les nomme. Lorsqu'il a à leur communiquer des avis intéressans pour la nation, il les fait venir et leur donne ses ordres, que je devrois appeler ses nouvelles : les différens chefs, porteurs de ces nouvelles, retournent chez eux pour en faire part aux leurs.

L'arme du Caffre, la simple lance ou sagaye qu'il façonne lui-même, annonce en lui un caractère intrépide et grand; il méprise et regarde comme indignes de son courage les flèches empoisonnées si fort en usage chez ses voisins; il cherche toujours son ennemi face à face : il ne peut lancer sa sagaye qu'il ne soit à découvert. Le Hottentot, au contraire, caché sous une roche ou derrière un buisson, envoie la mort sans s'exposer à la recevoir; l'un est le tigre perfide qui fond traîtreusement sur sa proie; l'autre est le lion généreux qui s'annonce, se montre, attaque et périt, s'il n'est pas vainqueur. L'inégalité des armes n'est point capable de le faire balancer; son courage et son cœur sont tout pour lui: en guerre, à la vérité, il porte un bouclier d'environ trois pieds de hauteur, fait de peau de buffle ou de bœuf, prise dans la partie la plus épaisse; cela lui suffit pour le défendre des flèches et même des sagayes; mais cette arme défensive ne le met pas à l'abri de la balle. Le Caffre manie encore avec beaucoup d'adresse, une arme non moins terrible que la sagaye, lorsqu'il a joint son ennemi; c'est une massue de deux pieds et demi de hauteur, faite d'un seul morceau de bois noueux ou racine, de trois à quatre pouces de diamètre dans sa plus grande épaisseur, et dont le manche va toujours en diminuant jusqu'à son extrémité; il frappe avec cet assommoir, quelquefois même il le lance à quinze ou vingt pas, et il est rare qu'il n'atteigne pas au but qu'il s'est proposé. J'ai vu l'un de ces sauvages tuer ainsi une perdrix dans le moment où elle s'élevoit pour s'envoler. Ils nomment cette arme *kiri*. Les Hottentots et les Gonaquois se servent aussi de la même arme, mais avec bien moins d'adresse, ce qui prouveroit, ce me semble, qu'elle est d'invention caffre, et que ces derniers l'ont prise chez ces peuples belliqueux, comme ils y ont pris la sagaye dont ils se servent très-mal en général, comme nous l'avons déjà fait observer.

Le pouvoir souverain est héréditaire dans la famille du roi, son fils aîné lui succède toujours; mais à défaut d'héritiers mâles, ce ne sont point les frères, mais les plus proches neveux qui succèdent. Dans le cas où le souverain ne laisseroit ni enfans ni neveux, c'est alors parmi les chefs des différentes hordes qu'on choisit un roi : quelquefois l'esprit de parti s'en mêle; de-là la fermentation et les brigues qui finissent toujours par des scènes sanglantes.

La polygamie est d'usage chez les Caffres; leurs mariages sont encore plus simples que ceux des Hottentots ; les parens du futur sont toujours contens du choix qu'il a fait; ceux de la future y regardent d'un peu plus près, mais il est rare qu'ils fassent de grandes difficultés ; on se réjouit, on boit, on danse pendant des semaines entières, plus ou moins, selon la richesse des deux familles; ces fêtes n'ont jamais lieu que pour de premières épousailles, les autres se font, pour ainsi parler, à la sourdine.

Les Caffres ne font pas plus de musique, n'ont pas d'autres instrumens que les Hottentots, si ce n'est que j'ai vu, chez l'un d'eux, une mauvaise flûte qui ne mérite pas qu'on en parle: à l'exception d'une espèce de pas anglais, leurs danses sont à-peu-près les mêmes.

A la mort du père, les enfans mâles et la mère partagent entr'eux la succession; les filles n'héritent point, elles restent avec leurs frères ou leur mère jusqu'à ce qu'elles conviennent à quelqu'homme. Si cependant elles se marient du vivant de leurs parens, elles ne reçoivent pour dot que quelques pièces de bétail, en proportion de la richesse des uns et des autres.

On n'enterre point ordinairement les morts; ils sont transportés hors du kraal par la famille, et déposés dans une fosse ouverte et commune à toute la horde : c'est-là que les animaux viennent se repaître à loisir; ce qui purge l'air que gâteroit bientôt la corruption de plusieurs cadavres entassés. Les honneurs de la sépulture ne sont dus qu'au roi et aux chefs de chaque horde; on couvre leurs corps d'un tas de pierres amassées en forme de dôme; c'est de-là probablement que provient cette suite de petites monticules qu'on voyoit autrefois rangées sur une même ligne dans les environs de Bruyntjes-Hoogte, ancienne domination des Caffres, et que le docteur Sparmann prend pour des antiquités sans doute grecques ou romaines.

Je ne connois point le caractère des Caffres relativement à l'amour, et ne sais pas s'ils sont jaloux; tout ce que je crois, c'est qu'ils ne connoissent cette fureur que par rapport à leurs semblables, car ils cèdent volontiers leurs femmes, moyennant une petite rétribution, au premier blanc qui paroît la desirer. Hans m'avoit fait plus d'une fois entendre que toutes celles que j'avois reçues dans mon camp étoient à mon service, et que je pouvois choisir; en effet, il n'étoit sorte d'agaceries auxquelles elles ne se livrassent devant leurs hommes pour m'attirer dans leurs piéges, et ceux-ci n'étoient peut-être scandalisés que de la froideur avec laquelle je paroissois recevoir ces caresses.

Je ne pousserai pas plus loin ces détails, j'en ai dit assez pour montrer à quel point un peuple diffère du peuple son voisin, quand il n'y a point d'autre communication entr'eux que celle qu'établissent des guerres sanglantes et d'éternelles inimitiés; d'ailleurs le peu de séjour que j'ai fait chez ces peuples, et le petit nombre d'entr'eux que j'ai vu, ne me mettent pas dans le cas d'en dire beaucoup plus : je regretterai au reste toute ma vie de n'avoir pu visiter plus amplement, et voir plus en détail une nation chez laquelle les arts, plus avancés que chez leurs voisins, annoncent une civilisation plus parfaite.

Le huitième jour, ce jour heureux qui devoit nous rapprocher du Cap, parut enfin. Je fis une revue générale de mes chariots, équipages, bœufs, attelages, etc. j'avois mis en ordre mes nouvelles collections et repassé les plus anciennes; les balles que j'avois commandées et le plomb nécessaire à la chasse étoient coulés; mes bœufs qui depuis longtemps se reposoient, et n'avoient pas manqué d'excellens pâturages, étoient à pleine peau et dans le meilleur état possible; en un mot j'étois prêt à partir : j'accordai deux jours de plus pour prendre congé de nos bons voisins et nous divertir avec eux.

La nouvelle de ce départ définitif s'étoit répandue; je vis bientôt arriver toute la horde par pelotons, hommes et femmes. Haabas étoit à leur tête; tout ce qui avoit pu marcher le suivoit; ils accouroient pour nous faire leurs adieux et recevoir les nôtres. Que j'étois aise qu'ils vinssent passer ces deux derniers jours avec moi! Le bon Haabas me présenta quatre ou cinq Gonaquois d'une autre horde que la sienne, et qui, ayant ouï parler de moi, avoient été députés pour m'engager à aller visiter leur canton : il étoit trop tard; mais j'adoucis mon refus, en leur promettant de me souvenir de leur tendre invitation au premier voyage que j'entreprendrois dans ces contrées.

Tant que durèrent ces quarante-huit heures, on se livra, de part et d'autre, à tous les excès de la folie et du plaisir. Mon eau-de-vie ne fut pas épargnée non plus que l'hydromel que Haabas avoit fait exprès préparer et apporter avec lui; mais la belle Narina et sa sœur, qui étoient de la partie, ne prenoient aucune part à ces orgies, tout innocentes qu'elles fussent. La tristesse avoit sur-tout voilé les traits de Narina; je la consolai comme je pus, je l'accablai de présens; je lui en remis pour sa sœur, sa mère et tous ses amis; en un mot, je me défis dans ce moment de presque tous mes bijoux; mais la parure n'étoit pas ce qui l'occupoit en ce moment.... Je donnai à Haabas et à tout son monde tout ce qu'il me fut possible de leur donner, sans me faire de tort à moi-même et me priver de toutes ressources pour mon retour : le tabac fut sur-tout réparti entre ces braves gens jusqu'à profusion; je n'en gardai que pour les miens et le temps du retour dans l'intérieur de la colonie, où je serois à même d'en refaire une provision jusqu'au Cap.

Ensuite je pris à part le vénérable Haabas, et le pressai avec tendresse, même avec émotion, de suivre les conseils que je lui avois donnés pour son salut et celui de toute sa horde; je m'efforçai de lui persuader que la tranquillité apparente des colons toujours assemblés dans le même endroit couvoit quelque nouveau projet, et par conséquent de nouvelles trahisons; que son kraal étant placé précisément entre les Colons et les Caffres, il pouvoit, tôt ou tard, devenir la victime des uns ou des autres.

Il me promit qu'il s'éloigneroit vers l'ouest lorsque je serois parti; qu'il ne s'y étoit pas déterminé plutôt pour se ménager le plaisir de me voir encore une fois à mon retour de la Caffrerie; mais il ajouta, avec cette cordialité, cet amour dont il m'avoit déjà donné tant de preuves, que, si les temps devenoient plus heureux, c'est-à-dire, si la paix se rétablissoit, sa résolution étoit prise de venir s'installer dans mon camp, tant en mémoire d'un bienfaiteur que parce qu'on ne pouvoit choisir un endroit plus agréable.

Le 4 décembre arriva, je partis.... Je tenterois vainement de peindre la consternation de ces malheureux Gonaquois; on eût dit que je les livrois aux bêtes féroces, et qu'ils perdoient tout en me perdant. Je peindrois moins encore ce qui se passoit dans mon ame; j'avois donné le signal; mes hommes, mes chariots, tous mes troupeaux déjà étoient en marche; je suivis ce convoi avec lenteur, traînant mon cheval par la bride; je ne regardai plus derrière moi, je ne prononçai plus un seul mot, et je laissai mes larmes soulager la vive oppression de mon cœur.

Mes bons amis, mes vrais amis, je ne vous reverrai plus!... Quelle que soit la cause des tendres sentimens que vous m'aviez jurés, soyez tranquilles, la source n'en est pas plus pure en Europe que parmi vous; soyez tranquilles, aucune force n'est capable d'en affoiblir la mémoire: pleins de confiance en mes adieux, mes regrets et mes larmes, vous m'aurez peut-être attendu long-temps! Dans vos calamités, votre simplicité décevante vous aura peut-être plus d'une fois ramenés aux lieux chéris de nos rendez-vous, de nos fêtes; vous m'aurez vainement cherché, vainement vous m'aurez appelé à votre secours; je n'aurai pu ni vous consoler, ni vous défendre! d'immenses pays nous séparent pour jamais.... Oubliez-moi, qu'un fol espoir ne trouble pas la tranquillité de vos jours; cette idée feroit le tourment de ma vie. J'ai repris les chaînes de la société, je mourrai, comme tant d'autres, appesanti sous leur poids énorme; mais je pourrai du moins m'écrier à mon heure dernière: «Mon nom déjà s'efface chez les miens, quand la trace de mes pas est encore empreinte chez les Gonaquois»!

D'après les indications que j'avois reçues, j'estimois que nous trouverions les Sneuw-Bergen, ou montagnes de Neige, à l'ouest; qu'ainsi, laissant le Bruyntjes-Hoogte à ma gauche et traversant la chaîne de montagnes qui en porte encore le nom, quoiqu'elle s'en éloigne beaucoup, nous devions infailliblement arriver à celles de Neige à quarante ou cinquante lieues, plus ou moins, suivant les détours que me forceroient de prendre mes voitures et tout mon bagage.

J'avois ouï parler si diversement de ces gattes ou montagnes, que, dévoré du plus ardent desir de les voir par moi-même et de les traverser à mon aise, je ne pouvois y arriver assez tôt à mon gré. Prévenu d'ailleurs que leur élévation et la froidure de leurs sommets les rendent inhabitables pendant plusieurs mois de l'année, ce climat nouveau me promettoit des productions nou-

Camp à une Horde de Caffres détruits.

Tom. 2. Pag.

Camp à une Horde de Caffres détruits. *Tom. 2. Pag. 303.*

N.° 17

velles, et des variétés de plus d'un genre, bien dignes assurément de piquer ma curiosité.

La chaleur étoit excessive, nous n'en fîmes pas moins six grandes lieues : à une heure après midi, nous nous arrêtâmes sur les restes d'un kraal horriblement dévasté ; sa triste horde avoit probablement été surprise et massacrée sur la place ; la terre étoit jonchée d'ossemens humains et de parties de cadavres, révoltant spectacle que nous nous empressâmes de fuir !

Remis en route, à quatre heures du soir, trois heures de marche nous conduisirent à une habitation délaissée, dont on avoit seulement enlevé les meubles. Je me proposai d'y passer la nuit ; mais à peine nous y fûmes-nous établis, que des démangeaisons extraordinaires parcoururent tout mon corps : je me découvris la poitrine, elle étoit noircie d'essaims innombrables de puces ; mes Hottentots ne furent pas non plus entièrement exempts des atteintes de cette vermine importune ; nous quittâmes sur-le-champ ces lieux empoisonnés, que mes gens nommèrent le *camp des puces*, pour aller nous établir plus loin sur les bords d'un ruisseau limpide et très-riant. Je m'y plongeai tout entier sans me donner même le temps de me déshabiller; j'avois le corps absolument truité; Klaas me conseilla, au sortir de ce bain, de me laisser frotter à la manière des sauvages; je fus donc graissé et boughoué pour la première fois de ma vie, et je m'en trouvai soulagé. Quoique nous ne nous fussions arrêtés qu'un quart-d'heure dans cet endroit malencontreux, mes chiens et mes chariots étoient couverts de ces insectes; l'opération balsamique à laquelle je venois de me livrer, étoit le seul moyen de m'en garantir jusqu'à ce que le temps ou le premier orage eussent achevé de nous en purger tout-à-fait: en raison de ce procédé familier à mes Hottentots, ils en avoient été moins assaillis que leur maître.

Le nouveau site que nous venions occuper, et sur lequel nous passâmes la nuit, n'étoit pas sans agrémens. Nous étions flanqués au nord par des forêts immenses de ces mêmes arbres dont j'ai parlé ci-dessus; la plaine étoit couverte de mimosa que les colons nomment *dooren-boom*; j'eus le plaisir de les voir en pleine fleur, circonstance heureuse pour moi, et que je n'avois garde de négliger; car, comme je l'ai dit, les fleurs de cet arbre attirent une quantité d'insectes rares qu'on ne trouve communément que dans cette saison, et ces mêmes insectes font arriver des volées de toute espèce d'oiseaux auxquels ils servent de nourriture. Je me fixai donc dans cette plaine, où je m'amusai à varier mes campemens; j'eus lieu de présumer que toute cette lisière qui borde la forêt, avoit été autrefois habitée par les Caffres; nous n'y pouvions faire un pas, sans rencontrer des restes de huttes antiques plus ou moins dégradées par le temps: j'y trouvai sans peine les deux espèces de gazelles gnou et spring-bocken. Le silence des nuits ne me parut jamais plus majestueux qu'en cet endroit; les rugissemens des lions résonnoient autour de nous à des intervalles égaux, mais les conversations de ces dangereuses bêtes féroces ne pouvoient nous effrayer après plus de douze mois d'habitude au milieu d'elles, et n'interrompoient nullement notre sommeil. Nous ne nous relâchions cependant pas de nos précautions ordinaires; j'augmentois de jour en jour mes collections, et je les enrichis là d'un oiseau magnifique, inconnu des ornithologistes;

mes gens lui donnèrent le nom de *uyt-lâger* (moqueur). Il suffisoit qu'il apperçût l'un de nous, ou même un de nos animaux, pour que son espèce arrivât par vingtaine sur les branches qui nous avoisinoient le plus; et là, dressés perpendiculairement sur leurs pieds, et se balançant tout le corps de côté et d'autre, ils nous assourdissoient de ces syllabes répétées avec précipitation GRA, GA, GA, GA; les pauvres bêtes sembloient se livrer à discrétion, nous en tuâmes tant que nous en voulûmes. Cet oiseau est à-peu-près de la grosseur du merle, mais d'une forme plus svelte; son plumage est d'un verd doré à reflet pourpre ou bleu, suivant que le jour le frappe plus ou moins obliquement; sa queue longue a la forme d'un fer de lance, elle est de même que les pennes de l'aile agréablement tachetée de blanc; son bec courbe et long, est remarquable, ainsi que ses pieds, par une couleur du plus beau rouge; il s'accroche le long des troncs d'arbres pour y chercher les insectes dont il se nourrit, et qui se cachent sous l'écorce qu'il détache très-adroitement avec son bec.

Il ne faut pas croire que cette espèce soit un grimpereau, quoiqu'elle paroisse s'en rapprocher : des caractères essentiels, comme on le verra, la séparent de ce genre d'oiseaux sur lesquels les ornithologistes méthodiques se sont généralement tous trompés très-lourdement, en nommant grimpereau tous les sucriers qui ne grimpent jamais et n'ont aucune analogie avec le grimpereau proprement dit.

Ayant un soir remarqué que, sans précautions et sans que notre présence leur inspirât la moindre crainte, ces oiseaux venoient tous se coucher en foule dans un trou creusé dans un très-gros arbre, près duquel nous étions campés ; je le fis boucher aussi-tôt qu'ils s'y furent tous introduits, et le lendemain, en levant avec précaution le scellé, j'eus le plaisir de les prendre par le bec, à mesure qu'ils se présentoient pour sortir. Cette chasse est assurément facile et bien simple ; on peut se procurer, de la même façon, toutes les espèces de pics et de barbus ; mais ceux-ci se couchant plus mystérieusement que les premiers, sont aussi plus difficiles à découvrir. Il est une règle que je crois assez générale, c'est que tous les oiseaux qui ont deux doigts devant et deux derrière, se retirent dans des creux d'arbres pour y passer la nuit, ce qui ne prive pas de cet instinct d'autres espèces, telles que les mésanges, les torches-pot, &c.

Il seroit imprudent de fourrer la main dans les trous dont je viens de parler, sans être bien sûr de ce qu'on va y trouver; car souvent il s'y rencontre des petits quadrupèdes de la grosseur du rat, souvent aussi des serpens s'y introduisent pour dévorer les œufs ou les oiseaux; et quoique ces reptiles, pour la plupart, ne soient point malfaisans, ils ne laissent pas de causer une grande frayeur dont on n'est pas le maître. L'espèce nommée *kooper-kapel,* dont j'ai déjà parlé, monte fort bien dans les arbres, et pourroit aussi se réfugier dans quelques-uns de ces trous; ce seroit alors plus qu'une épouvante, et l'on paieroit cher son imprudente curiosité.

Le 16, nous nous remîmes en route : en cinq campemens différens j'avois battu tout le canton que nous quittions. Après trois heures de marche, je trouvai le Klein-Vish-Rivier, la petite rivière des Poissons : je ne pus aller plus loin ce jour-là; nous perdîmes beaucoup de temps à chercher un endroit de la rivière qui fût guéable pour nos voitures : elles avoient déjà failli d'y culbuter.

Le jour suivant, nous la traversâmes heureusement ; une habitation délaissée vint encore s'offrir à mes regards, je ne fus pas même tenté d'en approcher. Quelques lieues plus loin, nous trouvâmes des mimosa en très-grande quantité et tout aussi fleuris que ceux que je venois d'abandonner la veille ; je résistai d'autant moins à la tentation de m'arrêter aux bords de ces forêts, que j'y rencontrai des oiseaux que je n'avois vus nulle part, et, pour la seconde fois, cette espèce de perroquet dont j'ai parlé plus haut. Je m'écartai un peu et me trouvai dans une espèce de petite prairie, au milieu d'un bois de haute-futaie ; ce désert paisible favorisoit mes opérations, et me parut commode pour mes équipages ; mais comment les y faire arriver à travers des broussailles, des arbres et des branches qui se croisoient en mille sens divers ? Nous avions franchi des obstacles plus insurmontables ; celui-ci céda, comme tous les autres, à nos efforts. Le 19, après beaucoup de peines et de fatigues, nous en vînmes à bout ; seulement j'eus le malheur de perdre un de mes bons timoniers.

qu'une voiture entraîna avec tant de violence contre un mimosa, que les épines de cet arbre pénétrèrent et se rompirent dans l'omoplate de l'animal. Nous retirâmes, comme nous pûmes, toutes celles qui étoient encore apparentes ou que nous pouvions mordre avec nos tenailles ; mais tout notre art n'allant pas au-delà, celles qui s'étoient plus enfoncées et que nous ne pouvions saisir ni même appercevoir, occasionnèrent une inflammation telle, que, vingt-quatre heures après, toutes les consultations de mes meilleurs Esculapes se réduisirent au parti d'assommer le malade, ce qui fut exécuté sur-le-champ.

Les touracos fourmilloient également dans ce bois; ils y étoient moins sauvages, et me paroissoient plus grands que ceux des forêts d'Auteniquois. J'y trouvai une espèce nouvelle de calao; et, parmi d'autres que je n'avois point vues jusques-là, je distinguai un merle à ventre orangé, qui, outre le plaisir que me causoit sa découverte, me fournit encore l'occasion de juger de la simplicité des Hottentots.

Ce fut Pit qui, le premier, m'apporta cet oiseau; il étoit femelle : j'ordonnai à ce chasseur de retourner sur-le-champ dans l'endroit où il l'avoit tué, ne doutant point qu'il n'y rencontrât le mâle, mais il me pria de l'en dispenser, n'osant pas, ajoutoit-il, prendre sur lui de le tirer; j'insistai : quel fut mon étonnement lorsque je le vis d'un air affligé et d'un ton presque lamentable, m'attester qu'il lui arriveroit certainement quelque malheur; qu'à peine avoit-il mis bas la femelle, le mâle s'étoit acharné à le poursuivre, en lui répétant sans cesse PIT-ME WROU, PIT-ME WROU! Il faut observer que ces trois mots sont en effet les cris de cet oiseau; je m'en suis mieux convaincu que par les vaines terreurs de ce Pit, lorsque j'ai eu dans la suite l'occasion de tirer moi-même de ces merles. Les syllabes qu'il prononce et qui avoient effrayé mon chasseur, sont trois mots hollandais, qui signifient Pit ou pierre, ma femme; il s'étoit imaginé que l'oiseau l'appelant par son nom, lui redemandoit sa moitié. Il me fut impossible de tranquilliser l'imagination frappée de cet homme, qui refusa toujours constamment de tirer sur ces oiseaux; s'il lui fût malheureusement arrivé un accident durant nos marches et nos chasses, quelle qu'en fût la cause, ses camarades n'eussent pas manqué de l'attribuer à la mort du premier de ces merles ; cette croyance, fondée sur des faits que j'eusse été moi-même en état d'attester, auroit pu consacrer, au sein des déserts d'Afrique, le premier miracle d'une religion naissante. J'ai décrit cette espèce dans mon Histoire des Oiseaux d'Afrique, sous le nom de *reclameur*. Voyez les planches coloriées, n°. 104.

Je rencontrai par-tout dans la forêt une espèce de singes cercopithèques à face noire, mais je ne pouvois jamais les atteindre. Sautant d'un arbre à l'autre, comme pour me narguer, un clin-d'œil voyoit tour-à-tour paroître et disparoître ces cercopithèques turbulens : je me fatiguois vainement à leur poursuite; cependant, un matin que je rôdois aux environs de mon camp, j'en apperçus une trentaine assis sur les branches d'un arbre, et présentant leurs ventres blancs aux premiers rayons du soleil. Celui qu'ils avoient choisi étoit assez isolé pour que l'ombre des autres ne les gênât pas ; je gagnai, par le taillis, l'endroit qui en approchoit le plus, sans être découvert; et de-là prenant ma course, j'arrivai à leur arbre avant qu'ils eussent le temps d'en descendre; j'étois certain qu'aucun d'eux ne s'étoit échappé; malgré cela, je n'en pus appercevoir un seul, quoique je tournasse de tous côtés et mes regards et mes pas, et que je fisse le plus sévère examen de l'arbre où je savois qu'ils étoient cachés. Je pris le parti de m'asseoir à quelque distance du pied, et de guetter de l'œil jusqu'à ce que j'apperçusse quelque mouvement; je fus payé de ma constance : après un assez long espace de temps, je vis enfin une tête qui s'alongeoit pour découvrir apparemment ce que j'étois devenu : je l'ajustai; l'animal tomba; je m'étois attendu que le bruit du coup alloit faire déguerpir toute la troupe; c'est ce qui n'arriva cependant pas, et pendant plus d'une demi-heure encore que je gardai mon poste, rien ne remua, rien ne parut. Lassé de ce manége fatigant, je tirai au hasard plusieurs coups dans les branches de l'arbre, et j'eus le plaisir d'en voir tomber deux autres; un troisième, qui n'étoit que blessé, s'accrocha par la queue à une petite branche; un nouveau coup le fit arriver à son tour; content de ce que je m'étois procuré, je ramassai mes quatre singes, et je marchai vers mon camp. Lorsque je fus à une certaine distance de l'arbre, je vis toute la troupe, qui avoit calculé mon éloignement, descendre avec précipitation et gagner l'épaisseur du bois, en poussant de grands cris : je jugeai, à quelques traîneurs qui suivoient péniblement, boitant du devant ou du derrière, que mes plombs en avoient blessé plusieurs; mais, dans cette fuite précipitée, je ne remarquai point, comme l'ont dit quelques voyageurs, que les mieux portans aidassent les estropiés en les chargeant sur leurs épaules pour ne point retarder la marche commune, et je crois qu'à leur égard, ainsi qu'à celui des Hottentots poursuivis en guerre, la nature est la même, et qu'on a déjà trop de veiller à son propre salut pour s'occuper de celui des autres.

De retour à ma tente, j'examinai ma chasse; cette espèce de singe est d'une grandeur moyenne; son poil, assez long, est généralement d'une teinte verdâtre; il a le ventre blanc, comme je l'ai déjà dit, et la face entièrement noire : ses fesses sont calleuses; cette partie nue est, ainsi que celles de la génération du mâle, d'un très-beau bleu. Dans le moment où j'examinois ces animaux,

Kees entre dans ma tente; je crois qu'il va jeter les hauts cris en appercevant ses camarades, quoique d'une espèce différente de la sienne; il me parut qu'il ne craignoit pas autant les morts que les vivans: il montre de l'étonnement; il les considère l'un après l'autre, les tourne et retourne en tous sens pour les examiner, comme il me l'avoit vu faire: il n'étoit pas, je crois, le premier singe qui voulût trancher du naturaliste; mais un secret motif, beaucoup moins généreux, le pressoit fortement; il avoit découvert des trésors en tâtant les joues des quatre défunts; je le vis bientôt se hasarder à leur ouvrir la bouche l'un après l'autre, et tirer de leurs salles (1) des amandes toutes épluchées de l'arbre *Geel-Houtt*, et les entasser dans les siennes.

Le campement que j'occupois devenoit intéressant et riche pour moi; il étoit, de plus, agréable à mes gens, et très-abondant

(1) Les naturalistes nomment *salles* ces espèces de poches qu'ont les singes entre les joues et les mâchoires inférieures; c'est une sorte de magasin dans lequel ils conservent, pour l'occasion, les fruits qu'ils trouvent, lorsqu'ils n'ont ni le temps ni le besoin de les manger.

pour mes bestiaux; aussi j'y restai jusqu'au 28, et ne le quittai qu'avec beaucoup de regret : c'est un de ceux où je sens qu'il m'eût été facile d'oublier qu'il est d'autres climats, d'autres mœurs, d'autres plaisirs, et sur-tout d'autres hommes.

Dès le matin du jour suivant nous délogeâmes, et trois heures plus tard quelques sauvages Hottentots s'offrirent à notre rencontre; ils conduisoient devant eux des moutons, et faisoient route pour rejoindre leurs hordes respectives, dont ils s'étoient éloignés dans je ne sais quel dessein : je leur payai généreusement une couple de leurs bêtes dont j'avois besoin. Nous marchâmes avec eux pendant plus d'une heure; après quoi, leur destination n'étant plus la nôtre, ils nous quittèrent pour regagner leurs kraals, à quelques lieues de là; nous fûmes arrêtés, trois heures après, par le Klein-Vish, qui depuis que nous l'avions traversé s'offroit à nous pour la troisième fois. Les roues d'une de mes voitures commençoient à se déboîter; les rayons jouoient tellement dans les moyeux, que le moindre cahot nous faisoit trembler; un plus long retard eût augmenté le mal : il fut résolu que nous resterions campés quelques jours pour les réparer ; c'est à cette place que, deux jours après, suivant le nouveau style de mon calendrier, nous passâmes le premier jour de l'an 1782.

Les Hottentots, qui ne comprennent rien à l'année solaire, sont éloignés de connoître l'étiquette du premier jour qui la commence ; ainsi point de complimens de notre part, et par conséquent point de faux sermens et d'hypocrites protestations : je me donnai seulement, pour mes étrennes, un chapeau neuf que je n'avois pas encore retappé, et l'on tira au blanc celui que je quittois ; Klaas fit voler la bouteille en mille pièces ; je ne saurois peindre la joie qu'il ressentit d'avoir remporté ce prix, qui ajoutoit, à sa garde-robe, un meuble précieux, une parure plus magnifique encore que la culotte usée dont je lui avois fait cadeau lors de mon entrée solennelle chez les Gonaquois.

Le lendemain, tandis que nous étions occupés de notre chariot et de ses roues, la joie se répandit tout d'un coup sur tous les visages. Lorsque je demandai la cause de cette vive émotion, on s'approcha de moi pour me faire remarquer, dans le lointain, un nuage qui s'avançoit vers nous; je ne voyois rien à ce phénomène qui dût si fort nous réjouir; ce ne fut que lorsque ce prétendu nuage nous eut gagnés, que je distinguai qu'il n'étoit formé que par des millions de sauterelles qui faisoient route. On m'avoit beaucoup parlé de l'émigration de ces insectes, qui s'assemblent tous les ans par bandes innombrables, et quittent les lieux qui les ont vu naître pour aller s'établir ailleurs; mais je les voyois pour la première fois; celles-ci voyageoient en si grand nombre, que l'air en étoit réellement obscurci: elles ne s'élevoient pas beaucoup au-dessus de nos têtes, mais elles formoient une colonne qui pouvoit embrasser deux à trois mille pieds en largeur, et, montre à la main, elles mirent plus d'une heure à passer. Ce bataillon étoit tellement serré, qu'il en tomboit comme une grêle des pelotons étouffés ou démontés; mon Keès les croquoit à plaisir, en même temps qu'il en faisoit provision.

Une partie de mes gens, ceux habitués à la vie sauvage, s'en firent aussi un régal; ils me vantèrent si fort l'excellence de cette manne, que, cédant à la tentation, je voulus m'en régaler comme eux : mais, s'il est vrai, comme on l'assure, qu'en Grèce, et nommément dans Athènes, les marchés publics étoient toujours fournis de cette nourriture, et qu'elle faisoit les délices des gourmets de ce temps, j'avoue de bonne-foi que j'aurois mal figuré parmi ces acridophages, à moins qu'avec le goût des Grecs le ciel ne m'eût fait jouir d'une constitution différente. Il faut avouer cependant qu'il entroit bien plus de prévention dans la sorte d'aversion que m'inspira d'abord cette nourriture que de dégoût réel, puisqu'il est vrai que je n'y trouvai effectivement aucune saveur désagréable, et que loin de-là, même, je la comparai à celle d'un jaune d'œuf cuit dur. Il est bon d'observer encore ici, à cet égard, que les Hottentots ne font point usage indistinctement de toutes les sauterelles, et qu'ils n'en connoissent qu'une seule espèce qui leur sert de nourriture, et que celle-là est la seule aussi qui émigre et s'assemble en grandes troupes pour traverser d'immenses pays.

Nous partîmes enfin le 3 janvier; et, laissant derrière nous la chaîne des montagnes du Bruyntjes-Hoogte, nous apperçûmes, vers le nord-ouest celles des *Sneuw-Bergen*, après lesquelles nous aspirions depuis si long-temps. Quoique nous fussions parvenus à la saison des plus fortes chaleurs, nous découvrions encore de la neige dans les anfractuosités et les enfoncemens les plus rapprochés du sommet de ces formidables montagnes. Tandis que je m'amusois à les considérer avec ma lunette, mes Hottentots m'annoncèrent qu'ils voyoient paroître un blanc; cette nouvelle m'inspira le plus vif intérêt; il y avoit tant de temps que je n'avois vu des hommes de cette couleur! Celui-ci avoit fait une assez longue route, uniquement dans le dessein de se procurer du sel dans un lac situé près de Swart-Kops-Rivier; je le joignis et m'entretins quelque temps avec lui; il ne put retenir ses larmes en me contant que, dans le commencement de la guerre avec les Caffres contre lesquels il n'avoit jamais voulu se liguer à l'exemple des autres colons, il avoit eu le malheur, lui, sa femme, son fils unique et quelques Hottentots, d'être attaqués pendant la nuit par ces Caffres qu'il avoit toujours ménagés; que chacun s'étoit précipitamment caché dans des buissons; mais que, le jour venu, la troupe s'étant rejointe, il avoit trouvé son fils percé de mille coups de sagayes, à la place même où nous étions actuellement arrêtés l'un et l'autre. Le récit de cet infortuné père me pénétra de douleur; je n'essayai point de calmer la sienne; le plus morne silence exprimoit mieux que de vains discours tout ce qu'il devoit attendre de consolations de la part d'un être sensible: il avouoit cependant que les Caffres étoient fondés dans leur haine, mais il étoit bien malheureux pour les innocens, que les effets n'en retombassent pas sur les seuls coupables.

Je le priai, pour le distraire un peu, de passer la nuit près de moi; je le traitai de mon mieux; je le régalai de mon meilleur thé et lui donnai d'excellent tabac. Les écarts de la conversation nous conduisirent, je ne sais comment, sur l'article des chevaux; il me dit qu'un de ses amis, habitant du Swart-Kops, lui en avoit fait voir un qu'il avoit pris à la chasse; et que, n'ayant pu découvrir à qui il appartenoit, il le gardoit chez lui; cela me rappela celui que j'avois abandonné sur les bords de Krom-Rivier à la sortie du l'Ange-Kloof, il y avoit sept ou huit mois; d'après le signalement que je lui en donnai, il demeura si convaincu que c'étoit mon cheval, qu'il m'offrit aussi-tôt de me laisser choisir une couple de ses bœufs si je voulois le lui céder, et lui donner un mot de lettre pour qu'il pût l'envoyer chercher. Mon cheval valoit certainement plus que ce qu'il m'offroit; mais calculant d'un côté les difficultés et les retards d'une route longue et pénible en l'envoyant chercher, et de l'autre, le service que je pouvois, sur-le-champ, tirer des deux bœufs qu'il m'offroit; voulant d'ailleurs lui donner une marque d'estime et d'amitié, je ne balançai point à accepter sa proposition, et lui donnai un billet pour réclamer mon cheval.

Je pris toujours ma marche vers les montagnes de Neige que nous ne perdions pas de vue, et au pied desquelles je me flattois d'arriver le jour même; mais, vers les onze heures, une chaleur des plus excessives nous arrêta sur les bords de Bly-Rivier (rivière de la Joie), où nous fûmes obligés de passer la nuit. Ce torrent ne fut pas pour nous d'une grande ressource, il ne couloit plus, la sécheresse l'avoit tari; nous n'eûmes d'autre ressource, pour étancher la soif dont nous étions dévorés, qu'une eau stagnante et de mauvais goût qui croupissoit dans les endroits les plus profonds de son lit. A la pointe du jour nous nous empressâmes de quitter ce désagréable gîte, et trois heures et demie de marche nous firent rencontrer une rivière nommée *Vogel-Rivier* (rivière des Oiseaux). Je remarquois entr'autres singularités, que, plus nous approchions des montagnes de Neige, plus la chaleur devenoit accablante; les rocs amoncelés qui composent ces pics sourcilleux, échauffés sans doute par les rayons ardens du soleil, les réfléchissent et les concentrent dans les vallées qui les avoisinent : le mal-aise général de toute la caravane ne nous permit pas d'aller plus loin.

Dans le court espace que nous venions de parcourir pour gagner d'une rivière à l'autre, nous n'avions rencontré qu'une seule troupe de gazelles spring-bocken, mais il faut dire qu'elle occupoit toute la plaine; c'étoit une émigration dont nous n'avions vu ni le commencement ni la fin; nous étions précisément dans la saison où ces animaux abandonnent les terres sèches et rocailleuses de la pointe d'Afrique pour refluer vers le nord, soit dans la Caffrerie, soit dans d'autres pays couverts et bien arrosés : tenter d'en calculer le nombre, le porter à vingt, à trente, à cinquante mille, ce n'est rien dire qui approche de la vérité; il faut avoir vu le passage de ces animaux pour le croire: nous marchions au milieu d'eux sans que cela les dérangeât beaucoup. Ils étoient si peu farouches, que j'en tirai trois sans sortir de mon chariot; il nous eût été facile au besoin d'en fournir pour long-temps à des armées innombrables. Au surplus, la retraite de ces gazelles qui quittoient le pays que nous allions parcourir, nous annonçoit, plus sûrement que l'*Almanach de Liége*, les sécheresses auxquelles nous devions nous attendre.

Remis en route dans la matinée du 6, et remontant la rivière des Oiseaux qui prend sa source dans les montagnes de Neige, un accident, qui pouvoit devenir sérieux, nous arrêta quelque temps. Le conducteur d'une de mes voitures voulant se remettre en siége, fut retenu par des épines auxquelles il n'avoit pas fait attention: il tomba; la roue de la voiture, qui continuoit sa marche, passa sur sa jambe : j'accourus, et fus mille fois heureux lorsque je m'apperçus, après l'avoir bien examinée, qu'il n'y avoit aucune fracture; je bassinai moi-même la contusion, je l'enveloppai de plusieurs bandages imbibés d'eau-de-vie; et, de peur que le malade n'en regrettât l'usage, je lui en fis avaler un grand gobelet: il fut porté pendant quelques jours sur mes chariots, et son accident n'eut pas d'autres suites.

Il sembloit que les Sneuw-Bergen fussent pour moi la terre promise; je ne pouvois y arriver, les obstacles se succédoient. Le 7, au moment de partir, je m'apperçus, en faisant le dénombrement de mes bestiaux, qu'il en manquoit trois; mes gens se répandirent de tous côtés pour les chercher, on les retrouva; mais cette opération avoit demandé tant de temps, que nous ne pûmes atteler qu'à sept heures du soir. Nous étions encore dans les plus grands jours de l'année; la fraîcheur des nuits étoit attrayante; nous ne devions être qu'à quatre ou cinq lieues de *Plate-Rivière;* et notre intention, si nous y arrivions, n'étoit pas de pousser plus avant.

Nous avions à peine fait deux ou trois lieues, qu'un des Hottentots de l'arrière-garde, emporté par son cheval, tombe sur nous à toute bride, suivi de tous les relais qui arrivent dans le plus grand désordre;

l'effroi se communique aux douze bœufs du chariot de Pampoën-Kraal, qui, dans ce moment n'ayant point de Hottentots en tête pour retenir et gouverner les deux premiers, comme il est d'usage, prennent l'épouvante, se jettent en s'écartant sur le côté; le timon casse, et, toujours attelés, ils le traînent après eux, s'enfoncent et vont se perdre dans les buissons. La confusion devient de plus en plus générale; au mugissement des bœufs, il n'y avoit pas à douter que nous ne fussions poursuivis par des lions. On court aux armes; tandis que les uns s'efforcent d'arrêter les bœufs des deux autres chariots qui se laissoient emporter comme ceux du troisième, que d'autres s'occupent à ramasser et à rassembler tout ce qui leur tombe sous la main pour allumer les feux, je pars, accompagné de mes plus habiles chasseurs, et nous rétrogradons sur la route pour faire face aux cruels animaux, retarder leur marche, et donner le temps de se livrer aux autres préparatifs. La nuit n'étoit pas encore bien obscure; nous étions dans une plaine sablonneuse, qui nous aidoit à distinguer les objets à une certaine distance; lorsque je vis nos chiens s'approcher de nous et nous serrer de près, je ne doutai plus de la présence des lions; tout-à-coup j'en apperçois deux élevés sur un petit tertre, et qui sembloient nous attendre. Nous lâchons tous nos coups ensemble, mais sans autre effet que de les voir disparoître; nous avancions toujours dans l'espérance d'en abattre au moins un, et nous continuions, par précaution, nos décharges. Ils ne s'offrirent plus à nos regards; c'est en vain que nous nous fussions obstinés à les poursuivre plus longtemps, ils étoient déjà loin: les feux étoient bien allumés; nous nous en rapprochâmes; nos bœufs dispersés en faisoient autant; ils arrivoient à notre halte les uns après les autres, et bientôt il ne manqua plus que l'attelage du chariot fait à Pampoën-Kraal. Nous entendions bien beugler à une certaine distance, mais aucun de mes gens ne se soucioit de courir à la voix; j'en engageai cependant plusieurs à me suivre, alors chacun de nous prit un tison enflammé d'une main, un fusil de l'autre; et, sous la conduite des chiens qui nous précédoient, nous allâmes à la recherche, et arrivâmes sur la place. Le morceau de timon que ces bœufs avoient traîné avec eux, s'étoit pris entre deux arbres et les avoit arrêtés; ils étoient tous en peloton, et tellement embarrassés dans les traits, qu'il n'y eut d'autre moyen que de les mettre en pièces. Trois de ces bœufs manquoient; ils étoient parvenus à briser leur joug, nous les croyions dévorés; mais, de retour à nos feux, j'appris qu'ils s'y étoient rendus et ne faisoient que d'arriver.

Un instinct pur et machinal avoit-il appris à ces animaux que, sous la sauve-garde du feu, ils n'avoient rien à craindre de leurs ennemis? L'habitude leur avoit-elle inspiré cette réflexion que, depuis plus d'un an qu'ils voyageoient avec moi, les bêtes carnassières qui, dans les commencemens leur avoient causé tant d'inquiétude, n'avoient jamais osé les attaquer, même approcher tout près; ou bien prenoient-ils des hommes une assez haute idée pour ne voir en eux que des protecteurs puissans, des défenseurs inexpugnables? Je ne l'expliquerai pas; mais je sais que la nature qui fournit indistinctement à tous les animaux une portion suffisante d'intelligence pour veiller à leur conservation, sembloit exprès, pour tout ce qui m'entouroit, en avoir doublé la mesure, et j'ai fait, sur ce point, en plus d'une rencontre, des remarques qui m'ont toujours frappé d'étonnement et d'admiration. La morale de l'histoire naturelle s'étend plus loin qu'on ne pense : l'œil de la métaphysique pénètre de jour en jour plus avant; l'aveugle curiosité qui formoit seule autrefois nos collections, cède aujourd'hui la place à des motifs plus nobles et plus précieux. Il n'est plus de petits objets aux regards du philosophe ; le génie des découvertes sait tout agrandir ; les insectes, par exemple, regardés il y a vingt ans comme des objets minutieux et bornés, tiennent une place brillante dans la chaîne des êtres, et occupent dans ce moment beaucoup de savans : plusieurs ouvrages publiés récemment sur cet objet, honorent ceux qui les ont entrepris.

A la pointe du jour je retournai à la place où j'avois tiré la veille; j'y reconnus le pas d'un lion et celui de sa femelle, qui, quoiqu'également prononcé, est toujours plus petit. Je suivis quelque temps la trace ; par un léger détour elle me ramena près de mes gens, ce qui nous prouva que nous avions été épiés de fort près. Nous nous félicitâmes d'avoir été jusqu'au jour sur nos gardes ; ce fut pour moi un utile avertissement de ne plus, à l'avenir, voyager de nuit dans des contrées que je connoissois si peu, et qui, comme je l'ai appris par la suite, sont les pas de l'Afrique les plus dangereux à franchir.

J'avois, sous mes voitures, des timons de rechange, coupés dans les forêts d'Auteniquois; mais comme à la place où nous venions de nous arrêter, l'eau nous manquoit absolument, et qu'il n'y avoit pas de temps à perdre pour nous en procurer, je fis réparer provisoirement les traits déchirés; on attacha, comme on put, avec deux jumelles, le timon brisé, et nous partîmes. Quel fut notre chagrin lorsque, parvenus aux bords de la rivière Plate, ainsi nommée par le peu d'escarpement de ses bords, nous la trouvâmes à sec! Nous la remontâmes pendant environ trois quarts-d'heure, toujours mourans de soif, excédés, hors d'haleine, et nous eûmes enfin le bonheur d'arriver à des fondrières qui conservoient un peu d'eau bourbeuse que le soleil n'avoit pas encore dévorée.

Nous ne voyions plus ici ce charmant et magnifique pays de la Caffrerie; nous avions tout-à-fait perdu de vue ces gras pâturages et ces forêts majestueuses sur lesquels nos yeux avoient tant de plaisir à se reposer ! Des roches amoncelées, des sables arides, succédoient chaque jour sous des formes toujours plus hideuses à ces doux spectacles. Nous nous voyions de toutes parts circonscrits par des montagnes dont les formes bizarrement inclinées, et les pics souvent suspendus sur nos têtes répandoient dans l'ame cette terreur profonde qui traîne le découragement après elle et réveille les tristes souvenirs. Celles des Sneuw-Bergen, au pied desquelles nous nous trouvions, s'élançoient beaucoup au-dessus de toutes les autres, et les hivers assis sur leurs sommets, sembloient disputer au soleil l'empire de ces affreux climats.

Mon intention étant de parcourir et d'escalader une partie de cette fameuse cordilière, prévenu que les Bossismans y avoient établi, comme les lions, leurs repaires, et voulant me mettre à l'abri de toutes surprises de la part des uns et des autres, je plaçai mon camp tout à découvert, et le fortifiai de mon mieux.

Un pas de rhinocéros que j'avois rencontré, avoit, en un instant, ranimé l'ardeur de mes anciennes chasses. J'avois assuré d'une forte prime le premier de mes gens qui me procureroit un de ces colosses; nous n'eûmes ce bonheur ni les uns ni les autres, rien ne parut: mais, sans m'y être attendu, je tombai sur un petit groupe de huit élans; je n'en avois point encore tué; je les poursuivis à la course, j'en fis tomber un sur la place. Cet animal est parfaitement décrit par le docteur Sparmann; les sauvages le nomment *kana;* ce n'est point du tout l'élan dont Buffon a donné la description, il en diffère essentiellement; c'est uniquement la plus grande espèce des gazelles du Cap.

De retour au camp, je vis arriver tous mes chasseurs qui s'étoient répandus de côté et d'autre pour gagner la prime; ils étoient harassés et fort mécontens. L'un d'eux m'avertit qu'il avoit rencontré une horde sauvage dont le kraal étoit situé absolument au pied des montagnes; je résolus de l'aller reconnoître, mais je n'emmenai avec moi que trois bons tireurs, et celui qui m'avoit donné cet avis. Le lendemain, à la pointe du jour, nous étions à peine à moitié chemin, que nous rencontrâmes cinq de ces gens qui venoient eux-mêmes à mon camp pour me voir; ils rebroussèrent et me conduisirent chez eux; les enfans en me voyant arriver se mirent à fuir pour se cacher, en poussant des cris horribles. Cet effroi général me paroissoit hors de la nature, et déconcertoit mes idées; lorsque j'étois pour la première fois entré dans la horde de Haabas et dans plusieurs autres, les femmes et les enfans à la vérité s'étoient retirés, mais n'avoient montré ni crainte ni horreur: j'étois curieux de connoître la cause de cet effroi. J'appris d'abord que ces gens n'étoient venus que depuis très-peu de temps s'établir dans l'endroit où je les voyois; qu'ils avoient éprouvé dans le Camdeboo, leur patrie, mille persécutions de la part des colons, et qu'animés contre les blancs d'une haine cruelle et sanguinaire, ils inspiroient cette horreur à leurs enfans afin qu'elle s'accrût avec l'âge, et qu'ils n'étoient pas fâchés de les avoir vus dans cette rencontre réciter aussi bien le catéchisme de la vengeance.

Quant aux hommes, ils sourirent à mon approche, et ne parurent point étonnés de me voir; ils étoient prévenus dès la veille qu'infailliblement je les irois visiter; leur horde ne montoit guère qu'à cent ou cent trente hommes. En me rendant chez eux j'avois rencontré leurs troupeaux; une centaine de bêtes à cornes et peut-être trois cents à laine, n'annonçoient pas une grande aisance; aussi je trouvai ces misérables occupés à faire sécher sur des nattes des sauterelles auxquelles ils retranchoient les ailes et les pattes : comme l'amas de ces provisions touchoit à la plus grande fermentation, je fus contraint de prendre le dessus du vent pour éviter les exhalaisons infectes qui s'en échappoient par intervalles.

Il n'y avoit pas six mois que ces pauvres Hottentots, à ce qu'ils me dirent, s'étoient confinés dans cet endroit pour échapper aux cruautés des colons. Ils venoient, sans le savoir, se livrer à des atrocités d'un autre genre; car, outre les Bossismans dangereux qui pouvoient à tous momens les découvrir, ils avoient encore à se défendre des bêtes féroces, et particulièrement des chiens sauvages qui dévastoient leurs troupeaux. Je leur donnai quelques conseils pour leur tranquillité et leur fis des présens. Je leur proposai en outre l'échange de quelques moutons, qu'ils me promirent de m'amener le lendemain. Comme je me disposois à prendre congé d'eux, je fus obligé d'entrer dans une de leurs huttes pour me mettre à l'abri d'un orage affreux qui fondit sur nous comme un trait, et qui dura trois grandes heures; je n'en fus pas moins inondé; le kraal entier faillit d'être emporté, des huttes furent ébranlées, les torrens charioient devant nous des sables, des terres éboulées et des arbres déracinés; le lieu que j'occupois étoit mieux abrité; je contemplois avec extase, quoique noyé jusqu'aux genoux, les cascades et les colonnes d'eau qui s'échappoient avec fracas du haut des montagnes, et s'entrechoquant dans leur chute, gagnoient la terre en mille gerbes variées et la couvroient de vapeurs et d'écume. Les bords de la rivière Plate que j'avois à deux pas, disparurent en un moment à mes regards; je donnai le temps aux plus gros amas de s'écouler : inquiet pour mon camp, je profitai du premier intervalle que nous laissa la pluie, et je partis pour m'y rendre. J'avois eu beaucoup à souffrir dans cette hutte remplie de sacs de sauterelles déjà séchées, mais qui n'en rendoient pas moins une odeur fétide, insupportable : la pluie continua par orage toute la nuit. Le jour suivant les inondations grossirent, et ces Hottentots ne purent joindre

mon camp, comme ils me l'avoient promis.

Nous ne craignions plus de manquer d'eau; cependant nous ne fîmes aucun usage de celle de la rivière, parce qu'elle étoit sale et troublée; nous préférâmes de recourir aux lagunes qui avoient eu le temps de déposer leur sable et leur limon.

Le jour d'ensuite fut plus tranquille; une vingtaine d'hommes et quelques femmes m'amenèrent quatre moutons et une vieille vache qui n'étoit plus bonne que pour la boucherie; ils ne convoitèrent pas infiniment mes verroteries, les femmes en étoient à la vérité surchargées, ils se jetèrent de préférence sur le tabac; comme c'étoit celle de mes provisions la plus facile à réparer en rentrant dans la colonie, je ne la leur épargnai pas : cette prodigalité les séduisit; ils m'amenèrent encore onze moutons que je payai largement.

Instruit que j'allois traverser un pays difficile et bien sec, je conservai ces différentes acquisitions comme une ressource précieuse au besoin.

Un jour que j'avois beaucoup de ces étrangers, un des gardiens de mon troupeau vint m'avertir que plusieurs Bossismans descendus des montagnes s'étoient approchés d'eux, mais qu'ils les avoient tenus en respect avec quelques coups de fusil. Klaas et moi nous montons à cheval; et, suivis de quatre autres chasseurs, nous marchons à leur poursuite. Nous ne tardons pas effectivement à découvrir treize de ces dangereux pirates; mais la rapidité de notre course, et notre air déterminé, les mettent bientôt en fuite: nous volions vers eux à bride abattue; nos balles sifflèrent à leurs oreilles; nous ne pûmes cependant les approcher assez pour les ajuster; il me suffisoit, et c'étoit beaucoup pour ma sûreté, de leur avoir donné l'épouvante. Nous les vîmes tous, par des sentiers différens, s'engager dans les montagnes, et disparoître entièrement. J'admirois l'agilité avec laquelle ils gravissoient, aussi vîtes que les singes, les rochers les plus escarpés. Je ne m'avisai point de m'attacher plus long-temps à leurs pas; il y eût eu de l'imprudence à prétendre les attaquer dans leur fort, et leurs embuscades impénétrables. Ces gens ne nous auroient assurément pas manqués; ils étoient tout-à-fait nus; je jugeai à leurs traces qu'ils portoient des sandales. Cette petite alerte fut un bien ; elle servit à nous rendre plus méfians : je doublai les gardes ; Swanepoël et moi nous fîmes alternativement la ronde, tandis que mon fidèle Klaas, à la tête d'un petit détachement, visitoit la vallée et tous nos environs. De temps en temps, on tiroit du camp un coup de carabine, auquel mes pâtres étoient obligés de répondre ; j'étois, par ce moyen, assuré qu'ils ne s'étoient pas endormis, et qu'ils faisoient sévèrement leur garde ; du reste, cette précaution que j'observois par amour de l'ordre et pour n'avoir rien à me reprocher, devenoit, dans la circonstance, assez inutile. Le Hottentot craint moins un lion qu'un Bossisman : cette frayeur salutaire tenoit tous les miens aux aguets, et dans les lieux les plus découverts, ce qui les faisoit cruellement souffrir, car la chaleur étoit devenue excessive : j'y étois pour le moins autant exposé qu'eux, et ne m'exemptois pas pour cela de mes chasses. Il m'étoit assez indifférent de marcher ou de rester tranquille ; ma tente n'étoit point habitable ; c'est dans ces occasions que ma barbe bien imbibée me procuroit quelque soulagement ; j'en tirois aussi de la forme de mon chapeau que j'humectois de même ;

dans ces momens de crise, j'étois sur-tout dévoré d'une soif ardente : comme j'avois remarqué que la quantité d'eau que je buvois, loin de me désaltérer, m'échauffoit au contraire beaucoup, j'imaginai de ne plus boire qu'à l'instar des chiens, c'est-à-dire de laper. Cette étrange manière me servit merveilleusement bien. Très-peu d'eau suffisoit alors pour étancher ma soif, et je ne craignois plus d'en être incommodé.

Tant que nous restâmes sur les bords de Plate-Rivier, les lions nous inquiétoient fort peu ; notre artillerie, qui ronfloit de tous côtés, pendant le jour, les tenoit écartés. Nous les entendions, à la vérité, rugir toutes les nuits ; mais jamais, si ce n'est une seule fois, ils n'osèrent nous approcher assez pour nous alarmer. Les panthères s'annonçoient aussi au lever et au coucher du soleil, sur les bords de la rivière ; mais elles se tenoient à des distances éloignées : au fort des nuits, elles s'avançoient davantage ; nous étions constamment avertis par les chiens ; et le lendemain, nous jugions à leurs traces jusqu'à quel point elles s'étoient hasardées. C'est la nécessité seule qui rend audacieuses toutes ces espèces carnivores, naturellement craintives à l'aspect de l'homme : et je crois qu'on a trop exagéré les dangers qu'on court dans leur voisinage. Rarement rencontre-t-on ces animaux dans les bois ; les deux seules espèces de gazelles qui s'y trouvent, n'y abondent point assez pour satisfaire leur voracité. Ils préfèrent de poursuivre les hordes nombreuses qui voyagent d'un canton dans un autre ; c'est alors qu'ils peuvent choisir et faire un affreux carnage.

Mes voisins, me voyant disposé à gravir les Sneuw-Bergen, me conseillèrent de me tenir sur mes gardes, et de n'y pas faire un long séjour, attendu que les Bossismans étoient en force. Mon intention n'étoit pas d'y conduire toute ma caravane, ce projet insensé n'eût pas même été praticable; mais, ne voulant que reconnoître quelques-uns de leurs sommets, et les parcourir avec mes chasseurs entre deux soleils, je me rapprochai de leur pied le plus qu'il me fut possible, et vins placer mon camp à trois cents pas de la horde sauvage. Je m'attendois à trouver sur la hauteur, comme on me l'avoit annoncé, un volcan considérable qui vomit de la fumée et des flammes, je ne vis rien qui ressemblât à ce phénomène; avec l'aide de ma lunette, je découvris d'immenses pays, qui se prolongeoient au nord, et qui n'étoient bornés que par l'horizon : je trouvois fréquemment, sur la plate-forme, des monticules de cailloutage et de sable tout-à-fait semblables à des dunes : j'y cherchai, mais vainement, quelques coquillages ; il n'y en avoit ni de frustres, ni même aucuns débris qui me parussent tenir à la conchiologie : je m'attachai davantage à la poursuite des oiseaux ; j'eus le bonheur d'en rencontrer et d'en tuer de fort rares, notamment une très-belle espèce de veuve, qui se tenoit dans les herbages fort élevés qui tapissoient presque par-tout ces hautes montagnes.

Dans toutes mes courses, qui finissoient toujours avec le soleil, je ne vis qu'une seule fois des Bossismans ; ils étoient trois qui traversoient le revers d'une montagne opposée à celle sur laquelle nous étions ; ils ne songèrent point à nous venir attaquer ; nous ne traînions rien après nous qui dût les tenter, et peut-être ces trois scélérats étoient-ils du nombre de ceux à qui j'avois donné si vertement la chasse, et se ressouvenoient-ils de l'épouvante que je leur avois causée. Ces vagabonds ne sont point, comme on l'a faussement avancé, une nation sauvage particulière, une peuplade originaire de l'endroit même où on les rencontre. Bossisman sont deux mots hollandais qui signifient *hommes des bois* ou *des buissons ;* c'est sous cette qualification que les habitans du Cap, et généralement tous les Hollandais, soit en Afrique, soit en Amérique, désignent tous les malfaiteurs ou les assassins qui désertent la colonie pour se soustraire au châtiment; c'est, en un mot, ce que, dans les îles françaises, on appelle *nègres marrons.* Ainsi donc, loin que ces Bossismans de la colonie fassent une espèce à part, comme on l'a dit encore fort récemment, ce n'est qu'un ramas informe de mulâtres, de nègres, de métis de toute espèce, quelquefois de Hottentots, de basters, qui, tous différens par la couleur, n'ont de ressemblance que par la scélératesse. Ce sont de vrais pirates de terre, vivant sans chef, sans loix et sans ordre; abandonnés à tous les excès du désespoir et de la misère : lâches déserteurs, qui n'ont de ressource pour subsister que dans le pillage et le crime. C'est dans les rochers les plus escarpés, et dans les cavernes les moins accessibles, qu'ils se retirent et passent leur vie ; de ces endroits élevés, leur vue domine au loin sur la plaine, épie les voyageurs et les troupeaux épars ; ils fondent comme un trait, et tombent à l'improviste sur les habitans et les bestiaux, qu'ils égorgent indistinctement : chargés de leur proie, et de tout ce qu'ils peuvent emporter, ils regagnent leurs antres affreux, qu'ils ne quittent, pareils aux lions, que lorsqu'ils s'en sont rassasiés, et que de nouveaux besoins les poussent à de nouveaux massacres; mais, comme la trahison marche toujours en tremblant, et que la seule présence d'un homme déterminé suffit souvent pour en imposer à ces troupes de bandits, ils évitent avec soin les habitations où ils sont assurés que réside le maître ; l'artifice et la ruse, ressources ordinaires des ames foibles, sont les moyens qu'ils emploient et les seuls guides qui les accompagnent dans leurs expéditions. Dans les lieux où la trace de leurs pas, trop bien imprimée, pourroit donner l'alarme aux habitans, et les attirer à leur poursuite, ils emploient à la déguiser une adresse merveilleuse, à laquelle nos brigands d'Europe, plus téméraires ou moins patiens, sont éloignés de se plier ; ils marchent en reculant, s'ils ne sont pas chaussés ; et, s'ils ont des sandales, ils se les attachent de façon que le talon répond aux doigts de leurs pieds. Lorsqu'ils enlèvent un troupeau considérable d'animaux vivans, ils le divisent sous la conduite de plusieurs d'entr'eux, en petites bandes auxquelles ils font prendre des routes différentes ; par ce moyen, s'ils sont poursuivis, ils s'assurent toujours la plus grande portion du pillage qu'ils ont fait.

Les colons confondent encore, à la vérité, sous le nom de *Bossisman*, une nation différente, en effet, des Hottentots. Quoique dans son langage elle ait le clappement de ces derniers, elle a cependant une prononciation et des termes qui lui sont particuliers. Dans quelques cantons, on les connoît aussi sous le nom de *Chineese Hottentot* (Hottentots Chinois), parce que leur couleur plus blanche que celle des autres Hottentots, approche de celle des Chinois qu'on rencontre au Cap, et que, comme eux, ils sont d'une stature médiocre. Attendu l'affinité du langage, je considère ces peuples, ainsi que les grands et les petits Namaquois, dont j'aurai bientôt occasion de parler, comme des races particulières de Hottentots : et, quoique les colons confondent les premiers sous la dénomination générale de Bossismans, il n'est pas moins vrai que les sauvages du désert, qui n'ont aucune communication avec les possessions hollandaises, ne les connoissent que sous le nom de *Houswaana.*

Cette nation, quelque nom qu'on veuille lui donner, habitoit autrefois le Camdebo, le Bocke-Veld, le Rogge-Veld ; mais les usurpations des blancs, dont ils ont été victimes comme les autres sauvages, les ont contraints de fuir et de se réfugier très-loin; ils habitent aujourd'hui le vaste pays compris entre les Caffres et les grands Namaquois. De tous les peuples que l'avarice insatiable des Européens a le plus maltraités, il n'en est point qui en conserve de plus amer ressouvenir, et à qui la couleur et le nom de *blanc* soient plus en horreur; jamais ils n'oublieront les perfidies des colons, et ce prix infâme qu'ils en ont reçu des services signalés qu'ils leur avoient cent fois rendus. Leur ressentiment est tel, qu'ils ont toujours le terrible mot de *vengeance* à la bouche, et le moment de lui donner carrière se présente toujours trop tard quoiqu'ils l'épient sans cesse ; je dirai quelque chose de ces Houswaana, lorsqu'en passant sous le tropique je visiterai leurs hordes.

Un soir que, retiré dans ma tente, je reportois sur mon Journal les événemens du jour, tandis que tout mon monde faisoit cercle autour du feu et fumoit sa pipe, des éclats de rire multipliés qui vinrent frapper mon oreille, excitèrent ma curiosité. J'entandis un de mes matadors qui racontoit aux autres une découverte qui excitoit d'autant plus leurs éclats qu'elle les surprenoit davantage, et qu'ils la prenoient pour un conte forgé à plaisir par mon bel-esprit ; celui-ci s'efforçoit cependant de la leur persuader. Il leur disoit sur-tout que, lorsqu'il m'en auroit fait part, je ne tiendrois plus en place, que je ne m'en fusse convaincu par mes propres yeux. Leur rire immodéré recommençoit alors de plus belle ; ils parloient tous à la fois, et paroissoient s'impatienter que mon heure de prendre mon lait ne fût point encore arrivée. J'appelai Klaas, et j'appris par lui, que le chasseur Jean les assuroit avoir découvert, dans l'après-dîné, qu'une des Hottentotes de la horde avoit cette conformation particulière que, jusqu'à ce moment, j'avois prise pour une fable, parce que je ne l'avois vue dans aucun des pays par où nous avions passé, malgré toutes mes informations et mes recherches, quoiqu'un autre de mes gens m'eût précédemment attesté le même fait, et que toute ma troupe en eût connoissance par des ouï-dire et par une vieille tradition assez généralement répandue : je vis venir Jean, qui me raconta avec le plus grand détail et dans toute l'énergie, je devrois dire toute l'ingénuité de son langage, ce que le hasard le plus inattendu, disoit-il, lui avoit permis d'examiner à son aise, et bien à découvert.

J'étois, en effet, très-curieux d'éclaircir au plutôt ce point très-intéressant d'histoire naturelle et de l'histoire, que j'avois plus d'une fois trouvé consigné dans divers ouvrages et dans des romans, tels entr'autres que les Voyages de Jean Strueys. En conséquence, dès le lendemain, je me rendis à la horde voisine avec mon Hottentot, qui reconnut sur-le-champ la femme dont la conformation l'avoit si merveilleusement étonné : il me la fit remarquer ; elle étoit mariée, mère de plusieurs enfans, et déjà dans la force de l'âge. Je saisis adroitement différens prétextes de lui faire des cadeaux, afin de la prévenir en ma faveur et de me l'attacher ; en un mot, afin de la séduire. Je n'avois point affaire ici à ces Hottentotes impudentes et débordées des colonies, toujours trop disposées à satisfaire, à prévenir même les blancs et leurs honteuses fantaisies : je devois m'attendre à rencontrer ici bien des difficultés ; je savois que les femmes sauvages refusent presque toujours à la curiosité ce qu'elles accordent à l'amour, distinction délicate qu'on ne s'attend pas à trouver dans un désert lorsqu'on y porte ses préjugés et la prévention de l'orgueil.

Mères honnêtes et prévoyantes, si vous lisez cet ouvrage, vous ne croirez jamais que les chastes enfans que vous élevez dans l'espérance de vos vertus, fussent autant à l'abri de la corruption et du pernicieux exemple au milieu des sauvages d'Afrique qu'au sein de ces demeures profondes et silencieuses où la sagesse, dit-on, veille sur l'innocence et repousse au loin tout ce qui pourroit instruire et blesser les regards : ah ! n'accusez point la nature, et ne vantez pas trop haut vos préceptes et vos grandes institutions ;

HOTTENTOTE A TABLIER. Tom. 2. Pag. 349.

HOTTENTOTE A TABLIER. *Tom. 2, Pag. 349.*

N.º 18.

vous ne les devez qu'au mépris de ses loix.

Je dois le dire et le publier sans cesse ; l'offre de tout ce que je pouvois donner, toutes mes ruses, toutes mes suppliques alloient échouer sans le secours de mes gens et l'empressement vingt fois réitéré de persuader à cette femme que j'étois un curieux d'une race fort étrangère à la sienne et fort éloignée; que d'autres Hottentotes, des Gonaquoises, des Caffrines avoient consenti de bonne grace à ce que je lui demandois ; enfin, que je ne la tiendrois qu'un moment dans cette attitude humiliante ; quelques hommes même de sa horde vinrent à l'appui de ces discours, et insistèrent en ma faveur. Alors, confuse, embarrassée, tremblante, et se couvrant le visage de ses deux mains, elle laissa détacher son petit tablier, et me permit de contempler tranquillement ce que le lecteur verra lui-même dans la copie fidelle que j'en ai tirée, et qui forme l'objet de la planche que je joins ici.

Pour détruire l'opinion générale que la nature, exclusivement à toutes les autres femmes, avoit gratifié les Hottentotes d'un tablier naturel qui servoit à cacher le signe de leur sexe, un auteur moderne a avancé que cette singularité n'étoit autre chose qu'un prolongement considérable des nymphes, ce qui avoit mal-à-propos répandu cette croyance : il a présenté ce tablier presque comme une infirmité occasionnée, soit par la vieillesse et la chaleur du climat, la vie inactive et l'usage des graisses, &c. Je ne finirois pas si je voulois entasser toutes les objections qui naissent d'elles-mêmes pour renverser ces assertions ; il en est une seule qui vient s'offrir d'abord à l'esprit, et que le lecteur se sera faite aussi bien que moi; pourquoi la chaleur du climat, la vie inactive, et l'usage des graisses agissant à-peu-près au même degré d'habitude et de force sur toutes les contrées de cette portion de l'Afrique, quelques hordes particulières se verroient-elles sujettes à cette infirmité? Pourquoi ne seroit-elle pas départie à toutes les Hottentotes? On sait trop, au Cap et dans les colonies, qu'il ne leur arrive rien de semblable, quelle que soit leur conduite, à quelque manière de vivre qu'elles se livrent, à quelques dangers qu'elles s'exposent : ne cherchons point à tordre nos imaginations sur cette bizarrerie qui, pour être rare, n'a rien d'extraordinaire ; et n'allons pas expliquer comme un phénomène l'ouvrage du caprice et de la mode. Oui, lecteur, ce fameux tablier n'est qu'une mode, une affaire de goût, je ne dirai pas dépravé ; les signes de la pudeur n'en sauroient constituer l'essence; mais original, mais extravagant, mais, si l'on veut, absurde, et tel que sa seule vue suffiroit au plus monstrueux libertin pour chasser de son esprit toute idée d'une atteinte profane ; et, trompant d'une façon nouvelle et trop claire le raffinement de ses besoins, feroit succéder le rire le plus inextinguible aux transports de la passion la plus effrénée.

Je voulois être modeste : il faut être vrai ; je ne consens point à détacher de mon livre ces traits curieux de mon voyage ; et, puisque ma Hottentote a bien voulu faire le sacrifice de sa pudeur au progrès de mes études, une plus longue retenue de ma part, à la fin, passeroit pour une discrétion puérile : le scrupule sied mal où la nature n'a point placé la honte.

Le tablier naturel n'est en effet, comme le dit mon auteur, qu'une prolongation, non pas des nymphes, mais des grandes lèvres des parties de la femme ; elles peuvent arriver jusqu'à neuf pouces plus ou moins, suivant l'âge de la personne, ou les soins assidus qu'elle donne à cette décoration singulière. J'ai vu une jeune fille de quinze ans qui avoit déjà ses lèvres de quatre pouces de longueur. Jusques-là ce sont les frottemens et les tiraillemens qui commencent à distendre ; des poids suspendus achèvent le reste. J'ai dit que c'est un goût particulier, un caprice assez rare de la mode, un raffinement de coquetterie : dans la horde où je me trouvois, il n'y avoit que quatre femmes et la jeune fille dont je viens de parler qui fussent dans cet état ridicule. Quiconque a lu *Dionis*, reconnoîtra sans peine combien cette opération peut être facile ; pour moi, je n'y vois rien de bien merveilleux, si ce n'est la bizarrerie de l'invention. Peut-être qu'autrefois on rencontroit jusques dans les lieux qu'occupent aujourd'hui les colonies, des hordes entières de sauvages distinguées par cette particularité ; et c'est probablement ce qui aura donné naissance aux erreurs qu'on a débitées sur ce chapitre ; mais la dispersion éteint bientôt les anciens usages parmi les hommes. Celui-ci n'est pratiqué que de loin en loin par quelques individus attachés par tradition aux mœurs antiques, et qui se font un mérite scrupuleux de les suivre encore.

Lorsque j'eus fini toutes mes observations, et parcouru, autant que les précautions que j'avois à prendre me le permettoient, différentes chaînes et les plus beaux sites des Sneuw-Bergen, je songeai enfin à quitter tout-à-fait ces noirs pays. Mes gens me sollicitoient vivement de les conduire au Carouw, et de me hâter de le traverser, avant que les chaleurs eussent entièrement desséché le peu d'eau stagnante qu'il étoit possible que nous y trouvassions, et de peur aussi de ne plus rencontrer de pâturages pour nos bestiaux, qui déjà depuis long-temps avoient eu beaucoup à souffrir des ardeurs de la saison. Ainsi donc, autant empressé que jaloux de rejoindre mes foyers, et ne trouvant plus dans mes courses les mêmes charmes, les mêmes amusemens que par le passé, soit que la fatigue eût ralenti mon ardeur, soit que d'autres projets et de puissans ressouvenirs eussent repris sur mon imagination l'empire que leur avoit fait perdre le spectacle des plus grandes nouveautés, je me remis en route le 2 février, en me dirigeant vers le sud-sud-ouest. Une partie de la horde nous accompagna pour nous aider à traverser, à trois lieues plus loin, la rivière *Jubers*, qu'on jugeoit devoir être enflée par les orages. En y arrivant, déjà nous songions à faire des radeaux ; mais nos conducteurs qui connoissoient, à un quart de lieue au-dessous, des bas-fonds commodes, nous épargnèrent un travail inutile, et qui nous eût fait perdre beaucoup de temps. J'allai reconnoître avec eux les bas-fonds, et je jugeai, après les avoir sondés avec mon cheval, qu'en exhaussant seulement, mais avec précaution, de huit à dix pouces, les caisses et le lest de mes trois voitures par le moyen de branchages et de buches, nous passerions sans avoir rien d'avarié ; ce que nous exécutâmes en effet avec autant d'adresse que de bonheur. Nos compagnons nous servirent, à la vérité, beaucoup dans cette opération ; ils traversèrent la rivière, et vinrent passer la nuit avec nous, pour nous aider, le lendemain matin, à rétablir nos équipages et remettre en place nos effets. Je reconnus d'une façon généreuse les services qu'ils venoient de me rendre, et nous nous séparâmes.

Je trouvai dans le canton que j'entamois une prodigieuse quantité de ces coucous verds-dorés dont j'ai parlé ci-devant, et plusieurs espèces nouvelles que je joignis à ma collection. Dans la même journée, je rencontrai un second torrent sans nom connu : je lui donnai celui de mon respectable ami, M. Boers. Ici commençoient des plaines arides du Carouw ; des plantes grasses et frustres couvroient cette terre ingrate, ou pour mieux dire ces sables, dans toute l'étendue de l'horizon ; d'un autre côté, des rochers non moins stériles offroient par-tout à nos regards attristés l'image de l'abandon et de la mort : on ne voyoit que quelques herbes éparses qui sembloient croître à regret pour le salut de nos troupeaux.

Le 4, cinq grandes heures de marche nous firent arriver à la rivière Voogel qui va se jeter dans celle du Sondag ; ce fleuve que nous avions traversé il n'y avoit pas long-temps vers son embouchure, et que nous devions bientôt voir près de sa source. Nos souffrances augmentoient de jour en jour avec les chaleurs, et la marche nous étoit devenue bien pénible ; cependant j'amusois toujours mes loisirs par la chasse ; je tuai encore, chemin faisant, une cannepétière d'une espèce nouvelle. Le jour suivant, nous fûmes rendus de bonne heure à la rivière du Sondag, après avoir passé un petit torrent nommé *Joghem-Rivier*. Ce séjour moins affreux servit du moins à ranimer mon espérance; de superbes bosquets de mimosa que le fleuve arrosoit, offroient de toutes parts un coup-d'œil magnifique; ils étoient en pleine fleur, et répandoient autour de nous leurs suaves et délicieux parfums; mille espèces d'oiseaux et d'insectes superbes, attirés dans ces beaux lieux, m'y retinrent jusqu'au 8. Malgré la forte provision d'épingles que j'avois emportée du Cap, je m'apperçus que j'allois en manquer; il me vint dans l'esprit de les remplacer par les plus petites épines du mimosa, qui me rendirent le même office.

En laissant le Sondag derrière moi, je rencontrai seize Hottentots, avec armes et bagages, sur les bords du *Swart-Rivier* (rivière Noire); ils quittoient le Camdebo pour gagner au pied des Sneuw-Bergen la horde que nous y avions laissée; ils m'apprirent qu'ils étoient forcés à cette émigration par des troupes formidables de Bossismans, qui mettoient tout à feu et à sang dans le Camdebo, dont ils incendioient les habitations, pour en enlever les munitions, les armes et toutes les richesses. Rien ne pouvoit me contrarier davantage, que cette nouvelle indiscrète autant qu'inattendue; elle jeta d'abord l'alarme dans tous les esprits, et fit renaître les anciennes terreurs. Persuadé que de plus longs éclaircissemens ne serviroient qu'à troubler davantage ces foibles imaginations, j'ordonnai à tout mon monde de me suivre à l'instant même : déjà l'on parloit de rebrousser chemin, et je vis l'heure où mon autorité alloit être tout-à-fait méconnue. Les plus braves de mes gens, qui ne balançoient point à me suivre, entraînèrent heureusement tous les autres; je m'étois apperçu que le nommé *Slinger*, dont j'avois eu à me plaindre au camp de Koks-Kraal, montroit encore ici plus de résistance; que dans cette journée même, il avoit fait son service d'une manière équivoque; je me déterminai, pour la première fois, à faire un exemple qui intimidât les lâches camarades qu'il avoit séduits. Arrivé, le soir, à la rivière Camdeboo, qui tire son nom du pays qu'elle traverse, je lui signifiai de quitter à l'instant ma caravane; je lui reprochai, ce que j'avois depuis appris, d'avoir été le premier moteur des craintes et des troubles qui avoient empêché tout mon monde de me suivre en Caffrerie, et de m'avoir forcé, par cette coupable résistance, d'abandonner la plus belle partie de mes projets, faute de bras, de courage et de secours pour les conduire à leur fin. Je lui payai ses gages échus; je lui fis délivrer ses effets et quelques provisions, après quoi je le menaçai de le poursuivre comme une bête féroce, si jamais il se présentoit à ma rencontre. Il fut tellement consterné, anéanti de l'apostrophe et de la véhémence avec laquelle je la prononçai, qu'il se saisit de son sac et partit précipitamment. Mes gens conjecturèrent qu'il alloit gagner les habitations les plus prochaines, ou bien rejoindre les Hottentots que nous avions rencontrés dans la matinée: j'avois pensé qu'il auroit cherché à me faire des excuses, ou que ses camarades m'auroient imploré pour lui; je fus trop aise qu'il eût pris un autre parti. Cette sévérité opéra, pour le reste de mon voyage, tout l'effet que j'en avois attendu.

Le 9 février, je levai le camp. Plusieurs

de mes bœufs se virent attaqués de la maladie du sabot, ce qui leur rendoit la route très-pénible. La tranquillité et les rafraîchissemens étoient le seul remède qui pût les rétablir promptement. Je choisis donc, sur un des détours que faisoit la rivière au milieu des mimosa, une clairière commode où je plaçai mon camp, dans l'intention d'y passer quelques jours. Je n'eus pas besoin de recommander à mes gens de se tenir sur leurs gardes; ils craignoient trop les Bossismans pour manquer à leur devoir et se relâcher de leurs précautions; nous étions justement dans le canton où nous avions appris que ces brigands jetoient l'épouvante. Nos provisions tiroient à leur fin, et nous n'avions plus de grand gibier; je songeai à m'en procurer quelques pièces pour les saler, et je fis plusieurs chasses qui nous éloignèrent plus ou moins du camp : un jour que je m'étois acharné à la poursuite d'un élan-gazelle, je m'écartai considérablement avec un de mes meilleurs tireurs, qui me suivoit à pied. Au débouquement d'un fourré fort épais de mimosa, nous tombâmes tout-à-coup sur un Hottentot qui cherchoit des nymphes de fourmis, mets chéri de ces sauvages. Il ne nous eût pas plutôt entrevus, que, ramassant avec précipitation son arc et son carquois, il prit sa course pour fuir; mais, rendant la main à mon cheval, je l'eus bientôt rejoint. Aux signes peu équivoques de ses frayeurs et de son embarras, je jugeai que c'étoit un Bossisman : sa vie étoit entre mes mains; je pouvois user, dans ces déserts, de mon droit de souveraineté, et punir en lui, si j'eusse été cruel, tous les crimes de ses égaux, et le tort inexcusable d'appartenir à des brigands. Jusques-là je n'avois point particulièrement à me plaindre d'eux, et je comptois, au contraire, profiter de la rencontre pour recevoir de nouveaux renseignemens : ce n'est pas ainsi qu'en eût agi un colon. Il vit bien, à mon air, que mon intention n'étoit pas de lui faire aucun mal : après quelques questions relatives à la situation où nous nous trouvions respectivement, et auxquelles il ne répondoit qu'en tremblant, il se rassura et prit confiance en moi. Je me plaignois de la disette de gibier dans les lieux que je venois de parcourir; il m'indiqua des cantons où je rencontrerois sûrement celui que je cherchois; j'ordonnai au Hottentot qui m'avoit rejoint, de lui faire présent d'une portion de son tabac; et, après lui avoir souhaité plus de modération et de probité pour lui et ses compagnons, je tournai bride pour continuer ma chasse. J'avois fait à peine cinquante pas; mon chasseur étoit resté quelques minutes de plus avec lui pour l'aider à allumer sa pipe et pour achever sa conversation, je l'entends qui m'appelle à grands cris; effrayé de ses accens, je retourne précipitamment sur lui, j'accours, j'arrive; je le vois aux prises avec le traître Bossisman, qui, la main armée d'une flèche, faisoit tous ses efforts pour le blesser à la tête; le visage de mon pauvre Hottentot étoit déjà couvert de sang. Je saute de cheval transporté de colère; et, me saisissant de mon fusil, d'un coup de crosse dans la poitrine j'étourdis et renverse le traître : mon Hottentot, dans l'excès de sa rage, ramasse son arme, achève son terrible adversaire, et l'écrase à mes pieds. Effrayé de sa blessure, il s'attendoit à périr par l'effet du poison, le coquin lui avoit décoché une flèche dans le moment où ils se quittoient; il avoit reçu la blessure précisément au nez; elle me paroissoit plus dangereuse, mais n'étoit heureusement que superficielle; il n'avoit été atteint que du tranchant du fer, qui n'est jamais empoisonné : je lavai moi-même sa plaie avec de l'urine ; je le consolai, bien convaincu qu'il n'étoit pas mortellement blessé; je portois toujours sur moi un flacon d'alkali volatil que m'avoit donné M. Percheron, résident de France, lors de mon départ du Cap; pour chasser jusqu'aux apparences du venin, je déchirai des morceaux de ma chemise, dont je fis des compresses imbibées de cet alkali; mais, loin que ces précautions de ma craintive amitié servissent à rassurer l'esprit de ce malheureux, il s'obstinoit à attribuer aux effets du poison les douleurs très-aiguës que lui causoit mon caustique. Pour moi, ce que j'admirois le plus et que je regardois comme l'influence de mon heureuse étoile, c'est qu'il n'eût pas été tué sur la place ; car, à coup sûr, son assassin, armé du fusil qu'il lui eût dérobé, n'auroit pas manqué de me joindre au plus prochain détour, et de me faire subir le même sort. Je m'emparai de l'arc et du carquois du scélérat; et, laissant là son cadavre horriblement défiguré, je m'empressai de rejoindre mon camp. Cette aventure y répandit l'alarme; mon chasseur, persuadé qu'il ne vivroit pas jusqu'au jour, acheva par ses tristes plaintes de jeter la consternation parmi mes gens. C'est à tort que j'aurois essayé de les tranquilliser, ils étoient tous presque persuadés que le malade ne passeroit pas la nuit: cependant elle s'écoula sans crises; et lorsque les plus grandes douleurs se furent dissipées, il sentit et commença de convenir qu'il en seroit quitte pour la peur. A leur réveil, tous ses camarades, étonnés de le voir vivant, retrouvèrent aussi la parole, et bavardèrent de mille façons différentes, comme il arrive toujours après le danger; ils jugeoient surtout que la mort du coupable étoit ce qu'il y avoit de plus heureux pour nous dans cette aventure; car si cet homme nous eût échappé, et que nous suivant à la piste à travers les buissons et les chemins détournés, il eût découvert le lieu de notre retraite, il n'eût pas manqué d'en aller avertir les autres Bossismans, qui, rassemblés en grand nombre, fussent arrivés sur nous, et nous eussent impitoyablement massacrés. Les diverses conjectures de mes Hottentots, et leurs discours à perte de vue, m'amusoient beaucoup et m'intéressoient en quelque sorte; j'en concluois qu'ils pourroient, à la longue, se familiariser avec le danger, et j'étois charmé qu'ils l'eussent vu d'aussi près, car je ne connoissois point d'obstacle plus redoutable à mes desseins que les terreurs de leurs imaginations.

Nous délogeâmes le jour suivant; pendant la marche, je m'amusois de côté et d'autre à tirer; le temps étoit favorable. Je fis lever une autruche femelle; arrivé sur son nid, le plus considérable que j'eusse jamais vu, j'y trouvai trente-huit œufs en un tas, et treize distribués plus loin, chacun dans une petite cavité; je ne pouvois concevoir qu'une seule femelle pût couver autant d'œufs : ils me paroissoient d'ailleurs de grandeur inégale. Lorsque je les eus considérés de plus près, j'en trouvai neuf beaucoup plus petits que les autres; cette particularité m'intéressoit vivement; je fis arrêter et dételer à un quart de lieue du nid, et j'allai m'enfoncer dans un buisson, d'où je l'avois à découvert, et directement à portée de la balle; je n'y fus pas long-temps sans voir arriver une femelle qui s'accroupit sur les œufs; et pendant le reste du jour que je passai dans ce buisson, trois autres se rendirent au même nid; elles se relevoient l'une après l'autre; une seule resta un quart-d'heure à couver, tandis qu'une nouvelle venue s'y étoit mise à côté d'elle; ce qui me fit penser que quelquefois, et peut-être dans les nuits fraîches ou pluvieuses, elles s'entendent pour couver à deux et même davantage. Le soleil touchoit à son déclin; un mâle arrive qui s'approche du nid pour y prendre place, car les mâles couvent aussi bien que les femelles. Je lui envoyai ma balle, qui l'étendit mort; le bruit du coup fit lever celles-là, qui, dans leur effroi, cassèrent plusieurs œufs; je m'approchai, et vis avec regret que les autruchons alloient incessamment éclore, puisqu'ils étoient couverts de tout leur duvet; le mâle que je venois de tuer n'avoit pas une seule belle plume blanche; elles étoient déjà toutes dégarnies et toutes salies; je choisis parmi les noires celles qui me parurent les plus entières, et je quittai la place; je détachai plusieurs de mes Hottentots pour aller chercher les treize œufs dispersés sur les côtés du nid, et je leur enjoignis de ne point toucher aux autres. J'étois curieux de savoir si les femelles seroient revenues pendant la nuit; je retournai au nid dès que le jour fut venu, mais je trouvai la place entièrement balayée, si ce n'est de quelques coquilles éparses qui dénotoient assez que nous avions apprêté un bon repas à quelques jakals ou même à des hiènes.

Cette particularité, touchant les mœurs de l'autruche, dont la femelle se réunit avec plusieurs autres pour l'incubation dans un même nid, est d'autant plus faite pour éveiller l'attention du naturaliste, que n'étant point une règle générale, elle prouve que les circonstances peuvent quelquefois déterminer les actions de ces animaux et modifier leurs sentimens ; ce qui tendroit à rehausser leur instinct, en leur donnant une prévoyance plus réfléchie qu'on ne la leur accorde ordinairement : n'est-il pas probable que ces animaux s'associent pour être plus en force et défendre mieux leur progéniture? J'aurai occasion de revenir là-dessus dans la description que je donnerai de l'autruche; j'ose me flatter qu'on ne lira pas sans intérêt des récits simples et véridiques, qui contiendront plutôt une peinture des mœurs et des habitudes des animaux, que les détails fastidieux et trop souvent répétés des couleurs, du nombre de plumes, des mesures, des dimensions exactes de toutes leurs parties; énumérations ridicules, qui n'offrent pas plus de variété entre les espèces, qu'elles ne montrent de différences dans les caractères.

En revenant du nid au camp mes chiens firent lever un lièvre, et le lancèrent; je le suivis au galop, et le vis disparoître dans les cavités d'un petit monticule qui se trouvoit sur sa route: je m'entêtai à sa recherche, et je parvins à deviner le lieu précis de sa retraite; il étoit entré dans une de ces cavités par un trou que je bouchai; on dérangea les pierres et les gravats qui formoient la petite élévation; je ne peindrai point l'étonnement qui me saisit lorsque je reconnus que c'étoit un tombeau hottentot; j'y trouvai mon lièvre blotti dans un squelette, je le pris vivant et l'emportai; mais dans un moment où mes chiens, occupés ailleurs, ne pouvoient m'appercevoir, par un mouvement de générosité, et comme si j'eusse dédaigné de donner la mort à ce foible animal autrement qu'avec l'arme usitée de la chasse, je lui rendis la liberté: cette action fut interprêtée par mes gens d'une façon qui me fit encore plus d'honneur dans leur esprit. Je me gardai bien en conséquence de chercher à les détromper; ils crurent avec la plus vive satisfaction que j'avois lâché mon lièvre, non parce que je ne m'en souciois pas, mais parce qu'ils furent persuadés que l'asyle des morts m'avoit semblé trop respectable, et que c'étoit un hommage naturel que je venois de rendre au tombeau d'un des leurs : nous recouvrîmes le squelette des mêmes gravats que nous avions éparpillés, et reprîmes une autre route. Dans cet intervalle, d'autres chasseurs avoient tué de leur côté quatre gnous, dont la salaison nous occupa trois jours entiers.

J'arrivai le 16 sur une habitation occupée par deux frères nègres et libres, l'un desquels étoit marié à une jeune mulâtre; je fus accueilli par ces aimables naturels avec les transports de la joie: ils m'offrirent tout ce qu'ils possédoient.... Le dirai-je! mon cœur oppressé de mille sentimens divers, reçut froidement et leurs caresses et leurs tendres sollicitudes; je retrouvois presque les manières et les usages du monde; je rentrois dans la société; je revoyois des champs, des meubles, des possessions, de l'ordre, des maîtres, en un mot, j'étois dans une habitation : tant d'aisance me devenoit à charge; un penchant involontaire m'arrachoit de ce domaine; j'en fis plusieurs fois le tour, les yeux errans de côté et d'autre, comme pour retrouver mon chemin perdu; j'accablois la maison de mes plaintes, et l'environnois, si je puis parler ainsi, de mes soupirs; tout fuyoit, et les torrens et les montagnes, et les forêts majestueuses et les chemins impraticables, et les hordes de sauvages et leurs huttes charmantes, tout me fuyoit; tout me sembloit regrettable, jusqu'aux bêtes féroces elles-mêmes, à qui je prêtois en ce moment des sentimens d'habitude et de bienveillance pour moi. Je ne sais si ces bizarreries sont communes à d'autres hommes; mais plus j'y songe, plus je sens qu'elles appartiennent à la nature. Charme puissant de la liberté, force invincible qui ne périras qu'avec moi, tu transformois en plaisirs les plus cruelles fatigues, en amusemens les plus grands dangers, en spectacles délicieux les objets les plus noirs, et tu semois tous mes pas des fleurs du repos et de la félicité, en des temps et dans un âge où la destinée sembloit me contraindre de les chercher ailleurs.

Ce fut chez ces deux nègres que je mangeai du pain pour la première fois depuis un an; j'en avois tout-à-fait perdu le goût. Je n'avois compté m'arrêter ici qu'une journée tout au plus, j'y passai trois jours : il nous restoit encore bien du pays à parcourir, quelques montagnes énormes à traverser, de grandes difficultés à vaincre dans ce désert du Camdebo, dont l'aspect vraiment imposant n'offre par-tout, au lieu de la verdure et des jardins si naturels de Pampoen-Kraal, qu'une face tantôt grise, tantôt rougeâtre et jaune, des rochers, du sable, des cailloux. En me rapprochant des habitations, je courois moins de risque; en tenant à mes idées, je me promettois plus de jouissances. Ainsi donc, si j'en excepte les lieux où je venois de m'arrêter, je suivis mon plan avec autant de constance pour le retour que pour le départ; mais je profitai du hasard qui m'avoit fait tomber chez les deux frères, pour pourvoir à la subsistance de mon monde, et je pris mes précautions. Ils me firent une forte provision de biscuit; je reconnus ce service essentiel, en leur donnant pour échange de la poudre, du plomb et des pierres à fusil: tous objets précieux qui leur manquoient depuis long-temps, malgré le besoin indispensable qu'en a toujours une habitation, soit pour défendre ses troupeaux, soit pour repousser les Bossismans. Ils m'auroient tout accordé, à leur tour, en reconnoissance d'un aussi grand bienfait.

Le 19, à quatre heures du soir, je repris ma route: le soleil le plus ardent nous dévora pendant deux jours. Nous errâmes sans trouver une goutte d'eau; on eut recours aux jarres que j'avois fait emplir chez les frères nègres, et nous fûmes réduits à la ration, comme cela nous étoit plus d'une fois arrivé.

Le 21, après avoir traversé le lit du Kriga qui étoit à sec, et que nous avions déjà passé la veille, je rencontrai deux habitans du Camdebo qui revenoient du Cap et faisoient route pour leur demeure. Depuis plus d'un an, je n'avois eu de nouvelles de cette ville et de mes connoissances. Je fus enchanté d'apprendre qu'avec les secours de la France le Cap avoit été sauvé de toute invasion de la part des Anglais, et que la colonie étoit demeurée sous la domination hollandaise.

Le plaisir de cette nouvelle fut bientôt effacé par celle de l'indisposition de mon bienfaiteur, que les voyageurs m'attestèrent avoir laissé dans un état critique, et même fixé, lors de leur départ, aux bains chauds, dernière ressource des malades en Afrique. Ce rapport acheva de répandre l'amertume et le dégoût sur le reste de mon voyage.

J'allois hâter ma marche, j'aurois voulu voler pour rejoindre un ami qui m'étoit cher à tant de titres; mais la crainte de le trouver languissant empoisonnoit le plaisir que je me faisois de le revoir. Ces deux colons me prévinrent que j'allois infiniment souffrir en route par la sécheresse et le manque d'eau; qu'attendu la grande quantité de bestiaux que je traînois à ma suite, je n'avois de ressources à espérer que dans les orages qui pourroient survenir; que les Bossismans d'ailleurs infestoient le pays, qu'ils leur avoient enlevé à eux-mêmes trente-deux bœufs, et massacré leurs gardiens au passage de la rivière Noire: cette dernière nouvelle ne m'empêcha pas de continuer ma route. Depuis l'exemple de sevérité que j'avois été forcé de donner, mes gens ne bronchoient plus, et je crois qu'ils auroient été capables d'affronter, avec moi, tous les bandits du Camdebo; je ne voulois pas cependant m'exposer témérairement. Il n'étoit guère possible de penser à marcher de nuit, c'étoit m'ôter tous mes avantages; la plus grande partie de mes bœufs étoient hors de service par la maladie du sabot, de façon que ne pouvant relayer les mieux portans, je les faisois partir avant nous avec une forte garde, afin que nous ne fussions point retardés dans la marche.

Arrivé de la sorte au *Kriga-Fontyn* (Fontaine du Kriga), nos bœufs y eurent à-peu-près autant d'eau qu'il leur en falloit, mais elle étoit si saumache, que les Hottentots qui en burent gagnèrent des coliques et des diarrhées violentes. Comme je sondois le terrein, et examinois si cette eau ne pouvoit pas nous causer de plus grands maux encore, je fus extrêmement surpris de voir Keès, qui se trouvoit toujours le premier par-tout, retirer de la vase un crabe d'environ trois à quatre pouces de diamètre. Il y avoit effectivement de quoi s'étonner, car cette fontaine étoit en plein rocher sans écoulement apparent. Mon singe me parut manger son crabe avec tant de plaisir, que j'en fis prendre une trentaine que je trouvai fort bons après les avoir fait cuire. Quatre ou cinq coups de fusil me procurèrent plus de quarante gelinottes d'une très-belle espèce, habituées à venir s'abattre par milliers sur les bords de cette fontaine. Les Hottentots des colonies les nomment *perdrix namaquoises*, parce que dans la saison des pluies toutes partent pour se rendre vers ce pays. On trouve en Afrique deux espèces différentes de ces gelinottes, nommées également par les colons perdrix namaquoises : l'une d'elles, celle dont il est question ici, se distingue par sa queue longue et pointue comme celle du ganga des Pyrénées ; elles sont toutes deux d'une petite taille et fort abondantes, notamment la première espèce qui se trouve dans toute la colonie : quant à l'autre, elle n'habite que le pays des grands Namaquois, et ne vole point en grandes troupes. Je parlerai de ces deux espèces nouvelles dans mon Ornithologie d'Afrique.

A dater du moment où nous décampâmes de la Fontaine du Kriga, nous ne trouvâmes plus que des plantes grasses et des sauterelles ; nous étions dans un lieu de désolation. Quatre de mes bœufs n'ayant plus la force de suivre restèrent sur la place ; j'eus le désagrément de voir que tous mes chiens boitoient et se traînoient avec effort, la plante de leurs pieds étant usée et déchirée jusqu'au vif; je les fis graisser, afin qu'ils les léchassent, et on les plaça tous sur les voitures : mes chevaux avoient gagné la même maladie que mes bœufs. Je fis faire avec des peaux des espèces de petits sacs ou bottines, et après avoir bien graissé les pieds de ces chevaux, je les leur attachai au-dessus du tarse. J'aurois bien voulu faire à mes bœufs la même opération, mais ces animaux indociles ne s'y seroient pas prêtés tranquillement, d'ailleurs les peaux et la graisse n'auroient pu suffire : les roues de mes chariots, que je n'avois point baignées depuis longtemps, jouoient en marchant comme autant de cresselles.

Après trois campemens différens sur les bords d'un torrent nommé *Kriga* par les Hottentots, et avoir passé un marais desséché que forment les différens coudes du même torrent, et qui pour cela est appelé *Kriga-Kaley* (Mare ou Lac du Kriga), nous passâmes à *Loury-Fontyn* (Fontaine du Loury), et gagnâmes ensuite le *Traka* et le *Kauka*. Tous ces noms désignent différentes fontaines, mares ou lits de rivières dans lesquelles nous avions espéré trouver de l'eau, mais qui nous trompèrent dans notre attente; nos animaux y furent réduits à appuyer le nez contre terre, et à lécher les endroits qui leur sembloient encore humides. Privés d'ailleurs de toute herbe succulente, il ne leur restoit d'autre ressource que de se rabattre sur quelques plantes grasses qui leur donnoient des tranchées affreuses; ils battoient des flancs et n'étoient plus que des squelettes.

Cette situation désespérante dura jusqu'au soir du 24. Nous venions de traverser le *Swart-Rivier* (la Rivière Noire) (1), qui n'avoit pas plus d'eau que les autres, nous allions dételer, lorsque j'apperçus un troupeau de moutons; je courus vers le gardien, qui m'apprit qu'il appartenoit à un colon dont l'habitation n'étoit qu'à une petite lieue de-là; nous en prîmes aussi-tôt la route, et nous allâmes camper près d'un très-grand marais, où nous eûmes enfin la satisfaction de trouver de l'eau en abondance. L'habita-

(1) Cette rivière Noire est-elle un coude de la rivière du même nom que nous passâmes quelques jours avant? C'est ce que j'ignore absolument.

tion appartenoit à *Adam Robenhymer*, et se nommoit *Kweec-Valey* (Lac de la jeune Herbe), parce que les colons donnent aux herbes nouvellement poussées le nom de kweec, et que ce lieu humide en est toujours abondamment fourni. Je reçus mille politesses de la part du maître de la maison et de toute sa famille; elle n'étoit pas considérable, et se réduisoit à deux filles. L'une, Dina-Sagrias-de-Beer, d'un premier lit du côté de la mère, étoit une des plus belles africaines que j'eusse encore vues; ces hôtes charmans me pressèrent de passer quelques jours avec eux; la séduisante Dina mit des graces si naïves et si douces dans son invitation particulière, que je me laissai facilement aller à ses instances réitérées, et consentis à passer trois jours entiers chez elle. Cependant le soir je ne manquai pas de me retirer dans mon camp, comme je l'avois toujours fait; les lieux où je me trouvois et le besoin d'y maintenir l'ordre me faisant plus que jamais une loi sévère de ne point découcher; j'étois d'ailleurs tellement habitué à mon dur matelas, qu'un lit moelleux et plus commode m'eût réellement empêché de reposer. Cette halte agréable étoit sur-tout utile à mes pauvres bestiaux vieillis de misère et de fatigue; je craignois à tout moment d'être obligé d'abandonner mes effets et mes chariots: ce dernier séjour servit pourtant à les ranimer un peu. Le site étoit à mille égards charmant et varié : le voisinage de l'habitation offroit à mes bœufs aussi bien qu'à mes gens d'abondans secours bien propres à rétablir leurs forces, pour peu que j'eusse voulu rester plus long-temps dans cet asyle, mais je sentois de plus en plus le besoin de me rapprocher du Cap, et mon imagination épuisée me rendoit à chaque instant mon retour indispensable. Il fallut donc encore une fois m'arracher à tant de séductions et partir : la belle Dina ayant appris de mes gens (car elle s'informoit de tout) que les biscuits que j'avois fait faire chez les nègres touchoient à leur fin, me pria d'en accepter une petite provision qu'elle m'avoit faite elle-même. Le premier mars, après avoir fait mes remercîmens à tous mes aimables hôtes, je les quittai ; il étoit cinq heures du soir ; nous faisions route vers le *Gamka* ou *Leuw-Rivier* (Rivière des Lions), nous y arrivâmes à neuf heures du soir, et l'on y campa. Les lions autrefois étoient très-communs sur cette rivière, parce que les gazelles y étoient aussi très-abondantes; mais depuis que les habitans s'en sont rapprochés, les gazelles ont pris la fuite, et les lions, par conséquent, sont devenus beaucoup plus rares. J'avois ouï dire à Kweec-Valey qu'il rôdoit dans les environs du lieu où je me trouvois trois troupes formidables de *Bossismans :* la prudence m'empêcha de pénétrer plus avant dans cette première nuit. On m'avoit informé, de plus, que passé le *Gamka* jusqu'à la rivière des Buffles je ne verrois pas une goutte d'eau; il y avoit vingt-cinq grandes lieues d'une rivière à l'autre : pour ne pas périr de soif il falloit faire ce trajet en deux jours; il n'étoit pas question de marcher par la chaleur, tout auroit été perdu; je résolus donc de rester deux jours pleins sur la rivière des Lions pour reposer et fortifier d'autant mes attelages, et sur le soir du second jour m'affranchissant de toute espèce de crainte, et ne tenant nul compte à mes gens de leurs terreurs paniques, je continuai ma route. J'avois eu la précaution de placer toute ma caravane entre deux chariots qui servoient d'avant et d'arrière-garde; deux jours, ou plutôt deux nuits de marche forcée, mais dans le meilleur ordre, nous conduisirent, après avoir passé le *Drift* (le Gué) ou *Dunka* par les Hottentots, ainsi que le *Wolf-Fontyn* (Fontaine du Loup), au bord de la rivière après laquelle nous soupirions depuis si long-temps. Nous n'avions pas négligé pendant les nuits de tirer de côté et d'autre des coups de fusil de six minutes en six minutes; j'avois donné de temps en temps de l'eau de mes jarres à mes chevaux qui succomboient à la chaleur et à la fatigue. Mes bestiaux n'avoient ni bu ni mangé, ils étoient tous haletans et sembloient devoir à tout moment rester sur la place; cependant, quoiqu'il fît nuit plus d'une demi-heure avant d'arriver au *Buffles-Rivier* (Rivière des Buffles), les relais et tous les bestiaux qui marchoient en liberté ayant éventé la rivière, se mirent tous à courir en désordre et à travers les champs pour s'y désaltérer; ceux qui traînoient les voitures reprirent courage et firent le trajet en moins d'un quart-d'heure. Sans l'attention de mes gens qui coupèrent à propos les traits des plus mutins, mes trois voitures auroient été culbutées dans la rivière : nous suivîmes tous l'exemple de nos animaux, et le bain me fit oublier mes fatigues.

Lorsque les feux furent allumés, une partie des animaux nous rejoignit; j'avois de l'inquiétude pour les autres, cependant nous les entendions s'agiter et marcher dans les broussailles qui nous entouroient; sans doute qu'ils y cherchoient de quoi manger. Ils arrivèrent tous à la pointe du jour, excepté une paire de bœufs que nous n'avons jamais revus; notre bouc s'étoit également égaré et ne revint que dans le courant de la journée.

J'avois été extrêmement surpris à mon réveil de me trouver dans un pays charmant que l'obscurité m'avoit empêché d'appercevoir; la rivière n'étoit pas large, mais l'abondance et la profondeur de ses eaux répandoient dans ces lieux une fraîcheur d'autant plus délicieuse, que la chaleur étoit excessive; cette rivière couloit sur un lit de gazon coupé par cent tours et détours; il y avoit long-temps que je n'avois rencontré un aussi agréable bocage. Une infinité de perdrix et de gelinottes formoient par leur cri un contraste piquant avec des espèces de canards, des hérons, des cigognes brunes et des flamans, dont la rivière étoit couverte. Il n'y eut qu'une voix pour me supplier de m'arrêter quelques jours, j'y consentis sans peine, et je fus enchanté qu'on m'eût prévenu. C'étoit encore un de ces sites agréables qui prouve que l'imagination des poètes n'est pas toujours au-dessus de la nature et de la vérité dans leurs descriptions. L'emplacement où nous venions de passer la nuit n'étoit cependant pas le plus favorable, quelques grosses roches dont nous étions voisins le couvroient trop, ainsi que nous, et pouvoient faciliter à l'ennemi les moyens de nous surprendre; en conséquence nous conduisîmes nos chariots et nos bagages dans le milieu d'une petite prairie, à laquelle le cours sinueux de la rivière donnoit la forme d'une presqu'île, et c'est-là qu'on fixa les tentes.

Nous venions de faire une marche de quatre-vingts lieues, depuis l'habitation des deux frères nègres dont j'ai parlé. On peut difficilement se faire une idée de ce que nous avions eu à souffrir dans cette traversée. De quels secours ne nous avoient pas été les moutons que j'avois échangés avec les Hottentots de Sneuw-Bergen ? Enfin depuis ce moment, si on en excepte l'habitation de *Kweeç-Valey* et le *Gamka*, nous n'avions pas rencontré une lagune d'eau assez pure pour en faire usage sans précaution : tout ce que nous en avions trouvé n'étoit potable qu'après qu'on l'avoit fait bouillir, soit avec du thé, soit avec du café, pour en détruire ou déguiser au moins les qualités malfaisantes et nauséabondes ; et pas une seule pièce de gibier ne s'étoit offerte à nos yeux dans toute cette traversée maudite.

L'agrément du lieu et l'abondance de toutes choses que nous procureroit le Buffles-Rivier, n'étoient pas les seuls motifs qui m'arrêtoient sur ses bords ; j'y demeurai jusqu'au 14 du mois ; tout ce temps fut employé à la réparation de mes équipages, dont le délabrement m'inquiétoit depuis long-temps. Les chariots avoient été tellement secoués, le soleil les avoit tellement desséchés, qu'ils ne tenoient presque plus à rien ; les roues sur-tout avoient besoin de restauration, tous les rayons quittoient leurs moyeux : pour donner plus de ressort au bois je les fis mettre à l'eau ; elles y restèrent long-temps avant que la hache y touchât : de mon côté je fis la revue de ma collection, qui n'étoit pas non plus sans désordre ; ce n'étoit pas un petit ouvrage ; j'avois des oiseaux par-tout, mes boîtes à thé, à sucre, à café, tout en étoit rempli. Nous allions bientôt arriver dans le gros de la colonie; résolu de ne m'y point arrêter un seul moment, j'aurois regardé comme un grand malheur le moindre accident qui fût venu retarder ma marche. Persuadé que nous n'avions plus rien à craindre des vagabonds, et voyant tous mes gens assez tranquilles et débarrassés de leur frayeur, je me proposai de marcher tant de jour que de nuit, ce que j'exécutai le 14 à cinq heures du soir dans le même ordre que par le passé. Nous passâmes le *Kleine-Moster-Hoeck* (petit Coin de Moster), nom d'un habitant, ainsi que le *Ritt-Fontyn* (Fontaine des Roseaux), et fîmes halte à minuit à la Fontaine des Nattes, *Matjes-Fontyn :* le temps se couvrit et nous menaçoit d'un orage, mais il s'éloigna de nous; le lendemain je passai le Wit-Waater (*l'Eau Blanche*), pour dételer à *Constadpel* (Canonnier); c'étoit une habitation assez agréable, mais la disette d'eau a contraint le colon à qui elle appartenoit de l'abandonner. Quoique la saison fût avancée les chaleurs n'avoient pas diminué: forcés de rester inactifs pendant les plus grandes ardeurs du soleil, il nous brûloit d'autant mieux, que nous étions entièrement privés d'ombrage et de tout abri pour nous en garantir; l'accablement où nous étions plongés ne nous permettoit pas même les distractions de la chasse; on sait trop que les chaleurs étouffantes ne servent pas à provoquer l'appétit; qu'alors les viandes ou fraîches ou salées ne font que rebuter, et qu'elles augmentent le dégoût, ainsi nous ne faisions plus de cuisine: mes Hottentots dormoient durant la journée; moi, je ne vivois que des biscuits de mademoiselle Dina, et toute la recherche de ma sensualité consistoit à les tremper dans du lait de chèvre, que je prenois toujours avec plaisir. Je ne puis trop recommander aux voyageurs qui entreprendroient des courses pareilles aux miennes, de se procurer un grand nombre de ces animaux si utiles et si doux; ils recherchent l'homme, s'attachent à lui, le suivent partout, ne lui causent aucun embarras, et n'exigent aucun soin: ils lui fournissent tous les jours de quoi se nourrir à-la-fois et se désaltérer. Tout en se jouant, ces pauvres bêtes, qui ne sont point difficiles comme les autres animaux, s'accommodent de tout, peuvent supporter la soif pendant très-longtemps sans que leurs sources tarissent.

Le 16 et le 17, après avoir traversé la rivière de la Corde, *Touw-Rivier*, je gagnai, six heures de marche plus loin, *Werkeerde-Valey* (le Lac à Rebours), ainsi nommé parce qu'il est formé par une rivière, *Werkeerde-Rivier*, laquelle, dit-on, coule dans un sens absolument opposé à celui de toutes les autres rivières du canton. Il y avoit près de ce grand lac une petite habitation, que le maître, absent, avoit confiée à la garde de quelques Hottentots. Je vis un colon parti nouvellement du Cap pour regagner le Camdebo; cet homme débarrassa mon cœur d'un poids qui l'oppressoit depuis long-temps; il m'apprit le rétablissement de la santé de M. Boers et son retour au Cap. J'eus occasion de rencontrer sur les bords du lac différentes espèces d'oiseaux, entr'autres des foulques pareilles à celles d'Europe, mais les marais qui l'environnent de toutes parts me fournirent une telle quantité de becassines, que nous en fîmes notre nourriture ordinaire.

Il y avoit beaucoup de cochons sur cette habitation, j'en achetai un, et je fus obligé de l'aller choisir et de le tirer parmi les roseaux, parce que, comme je l'ai observé plus haut en parlant de la manière dont on les

GIRAFE MÂLE. Tom. 2. Pag. 387.

GIRAFE MÂLE. *Tom. 2. Pag. 387.*

N°. 19.

élève, ceux-ci étoient devenus sauvages. J'achetai encore de la farine pour régaler ma troupe du premier pain qu'elle eût mangé depuis mon départ; ce fut la femme de Klaas qui l'apprêta, elle y réussit fort adroitement : je quittai Werkeerde-Valey. Le 21 nous allions dans un autre pays, le Boke-Veld, Plaine des Gazelles (spring-boken) qui s'y trouvoient sans doute autrefois, mais qui présentement ne s'y montrent nulle part; nous appercevions de côté et d'autre sur les collines plusieurs habitations; nous nous efforcions vainement de nous en éloigner; plus nous allions, plus elles commençoient à devenir fréquentes : je fus contraint de longer celle de Jan-Pinar. Je résistai aux instances qu'il me fit de me rafraîchir chez lui, et passai outre : mais tout ce qu'il y avoit d'habitans, soit blancs, soit Hottentots ou nègres, accoururent pour voir défiler ma caravane, à-peu-près comme on vole dans nos villes pour jouir d'un de ces spectacles auquel des fêtes rares ou des événemens imprévus ont tout-à-coup donné naissance. Ma barbe, sur-tout pour le pays qui ne possède ni capucin ni juif, parut un phénomène extraordinaire, admirable, quoiqu'elle mît en fuite les enfans et qu'elle fît peur aux femmes. J'eus beaucoup de peine à me débarrasser des questions et des questionneurs pour aller m'isoler à onze heures et demie du soir, à trois lieues plus loin, dans une retraite inhabitée et paisible; mais le bruit de mon retour s'étoit répandu, et le lendemain, il faisoit jour à peine, que plus de vingt habitans des divers environs, assemblés par la curiosité, avoient pris place autour de mon camp, afin que, quelque route que je prisse, il me fût impossible de me soustraire à leurs regards. On avoit pris plaisir à débiter sur mon compte cent absurdités différentes; on me faisoit cent questions plus ridicules les unes que les autres : on publioit, par exemple, que j'amenois des voitures chargées de poudre d'or et de pierreries trouvées dans des rivières ou sur des rochers inconnus. Un de ces crédules paysans me conjuroit de lui faire voir cette magnifique pierre précieuse, supérieure au diamant, grosse comme un œuf, que j'avois trouvée sur la tête d'un énorme serpent auquel j'avois livré le plus sanglant combat. Je ne rapporte ces inepties que pour justifier ce que j'ai dit ailleurs de ce stupide amour du merveilleux, dont les colons nourrissent le désœuvrement et les ennuis qui les tuent.

J'avois eu l'intention de rester tranquille dans l'endroit où je me trouvois, jusques vers le soir; mais la troupe curieuse grossit tant de minute en minute, que j'en pris de l'impatience, et partis brusquement; j'eus beau me dérober à trois ou quatre habitations sur le territoire desquelles il me fallut passer, l'importunité me suivit par-tout, et je n'eus d'autre ressource que de profiter de l'obscurité de la nuit pour aller, presque comme un proscrit, me cacher au pied d'une énorme chaîne de montagnes, nommée *Kloof* (la Gorge ou Défilé), qui fait la limite d'un autre pays, le *Rooye-Sand*.

Cette montagne, comme un immense rideau que le malheur eût élevé devant moi, sembloit appuyée là pour me contrarier davantage et redoubler mes chagrins : il falloit cependant en franchir l'obstacle, ou faire un très-long circuit, dont je ne connoissois ni la durée ni le terme. Ce n'étoit plus cette ardeur bouillante que j'avois montrée en partant, cette force, ce courage infatigable, que fomentoient dans mon ame l'amour des choses nouvelles, et l'impatient desir de prendre le premier possession d'un pays si rare et si curieux; je me voyois arrêté tour-à-tour par le découragement, et entraîné par la reconnoissante amitié. Je pris donc mon parti, et me décidai à gagner comme je le pourrois l'autre extrémité du défilé. L'escarpement et les fondrières de cette traversée me parurent effroyables; c'est pourtant le chemin ordinaire des colons de ces quartiers-là, qui préfèrent de risquer de s'y perdre et d'y culbuter, plutôt que de s'unir pour y faire une route commode, ou du moins quelques réparations: preuve insigne de leur paresse et de leur indolence.

J'osai me charger de ce soin pour moi-même: j'employai la journée du 24 à faire couper des branches pour combler les endroits les plus enfoncés, et les recouvrir avec des terres, des pierres et du sable. Je réussis dans mon opération; et le 25, en quatre heures de temps, graces aux précautions que nous prîmes, et toutes les peines que se donna de bien bon gré tout mon monde, à quelques avaries près, nous eûmes l'inexprimable bonheur de sauter l'affreux précipice, le dernier qui dût nous faire trembler: les colons nomment cet horrible chemin *Groote-Moster-Hoeck*, le grand Coin de Moster.

Nous campâmes au pied de son revers. Le jour suivant, nous arrêtâmes, dans la matinée, à l'entrée du *Rooye - Sand*, près des ruines d'une habitation qui paroissoit depuis long-temps abandonnée.

Ce canton, suivant moi, est improprement nommé *Rooye-Sand* (Sable rouge); je n'y en ai point vu de cette couleur: j'ai remarqué qu'au contraire il étoit décidément jaune.

Ce pays est riche en bled; les moissons y sont superbes, et s'y montrent par-tout en abondance; des sites heureux nous offroient, de temps en temps, des habitations plus riantes les unes que les autres, et la variété des constructions répandoit sur toutes ces campagnes un intérêt dont l'œil étoit agréablement frappé. Il est possible qu'accoutumé depuis seize mois à des spectacles d'une nature plus forte et mieux prononcée, le contraste des pays sauvages et de leurs demeures, aussi tristes que rares, avec le nouvel ordre de choses qui se présentoit à mes regards, fît sur mon imagination une impression plus vive; quoi qu'il en soit, je ne me lassois point d'admirer ces beaux lieux.

Toutes les idées chimériques et romanesques qui m'avoient bercé, tous ces déplaisirs dont je nourrissois mon cœur en quittant les sauvages, commençoient enfin à se ralentir, et la raison reprenant le dessus me faisoit assez connoître que, n'étant point né pour cette vie errante et précaire, j'avois d'autres obligations à remplir, d'autres humains à chérir. Déjà je souriois aux divers objets dont l'image me retraçoit mes anciens plaisirs et mes habitudes; l'amitié sur-tout, revêtue de toutes ses graces, et telle qu'elle doit plaire aux ames délicates et sensibles, sembloit m'appeler de loin, et me tendre les bras. D'autres sentimens, peut-être, venoient à son appui pour dérider mon front, et presser de plus en plus ma marche. Certain, comme je l'avois appris, que je trouverois M. Boers bien portant au Cap, chaque pas que je faisois vers la ville me donnoit des élans d'impatience que mes compagnons partageoient bien sincèrement avec moi. Je ne pouvois me savoir si près sans desirer de voir disparoître derrière moi le chemin qui devoit m'y conduire; je n'étois plus occupé que du plaisir de retrouver des amis, mais sur-tout d'embrasser celui que mon cœur distinguoit à tant de titres.

Le 26, après avoir échappé, si je puis m'exprimer ainsi, à dix habitations qui se trouvoient sur ma route, je traversai la *Breede-Rivier* (Rivière large) ; une lieue plus loin, le *Waater-Val* (Chûte d'eau) ; ensuite quelques habitations qui sans doute m'attendoient au passage depuis long-temps ; car les habitans, voyant que je n'arrêtois point, prirent le parti de me suivre comme une bête curieuse, et ne me quittèrent que lorsqu'ils m'eurent considéré à leur aise. Je passai le *Rooye-Sand-Kloof* (la Vallée du Sable rouge), le *Klein-Berg-Rivier* (la petite rivière des Montagnes). Le lendemain 27, arrivé au Swart-Land, je fis seller mes chevaux, qui depuis long-temps ne me servoient point ; et, suivi de mon fidèle Klaas, laissant les curieux autour de mes chariots et de mes équipages, je pris les devans, et me fis un plaisir d'arriver le soir même chez mon ancien hôte, le bon Slaber, qui m'avoit si noblement accueilli deux ans auparavant, lors de mon affreux désastre à la baie Saldanha.

Je ne puis exprimer toute la joie, mais sur-tout l'étonnement que causa mon arrivée à toute cette brave famille ; elle s'y attendoit si peu, ma barbe me rendoit si méconnoissable, les relations qu'on avoit faites au Cap et dans les environs, de mes courses lointaines et des dangers auxquels je m'étois livré, rendoient ma mort si probable, qu'ils furent tous effrayés de mon approche; les femmes sur-tout me firent une guerre cruelle de cette garniture épaisse et noire qui couvroit ma figure : il y avoit déjà quelque temps qu'elle m'étoit devenue inutile et par conséquent à charge. Mitje-Slaber, la plus jeune des filles, s'offrit obligeamment de m'en débarrasser ; je me mis à ses genoux, et j'offris ma tête en sacrifice. J'étois à peine arrivé dans cette demeure fortunée, que je dépêchai Klaas vers M. Boers, pour lui donner la nouvelle de mon retour; je lui adressois en même temps deux petites gazelles steen-bock et quelques perdrix que j'avois tuées en route. Dès le lendemain, je reçus les félicitations de mon ami qui m'envoyoit deux de ses meilleurs chevaux, et me conjuroit vivement de me rendre aussitôt chez lui.

Ce jour même, mes gens que j'avois laissés en arrière, arrivèrent tous avec mes chariots. Le moment de la séparation approchoit. Nous avions, de part et d'autre, oublié nos torts : les uns laissoient échapper des soupirs, d'autres versoient des larmes; je ne pus retenir les miennes ; nous nous consolions par l'espoir d'un second voyage, si les circonstances me devenoient favorables. Je distribuai à ces fidèles compagnons de mes fatigues et de mes aventures, tout ce qui me restoit et qui ne m'étoit plus d'aucune utilité à la ville; j'y joignis même mon linge et encore toutes mes hardes, ne conservant absolument que ce que j'avois sur le corps. Je priai deux de ces Hottentots de rester quelques jours de plus chez Slaber, pour prendre soin de mes chevaux, de mes chèvres, et de ceux de mes bœufs, malades ou inutiles, que je laissois sur l'habitation jusqu'à nouvel ordre : je donnai rendez-vous chez M. Boers au reste de ma caravane. Klaas et moi nous montâmes à cheval ; et, le soir même, j'eus le bonheur de serrer dans mes bras un bienfaiteur, un ami, que j'avois craint de ne plus revoir.

Mes équipages arrivèrent le 2 avril; ce

fut alors que je remerciai tout-à-fait mes fidèles serviteurs, et que je leur payai leurs gages. Ils brûloient tous d'impatience de rejoindre leurs familles. J'offris la main à Klaas; il ne pouvoit se détacher de son maître. Comme sa horde étoit moins éloignée de la ville que celle des autres Hottentots que je venois d'affranchir, je l'engageai à me venir visiter souvent, et lui promis toujours le même appui, la même confiance et la même amitié; je l'assurai particulièrement que je ne languirois pas long-temps au Cap, et que je comptois sur lui pour de nouvelles entreprises; c'étoit l'objet de tous ses desirs, et l'unique contre-poids de sa douleur; j'avoue que je ne pus le voir partir sans être moi-même étrangement ému, malgré les distractions que me donnoit la foule des arrivans qui se pressoient dans la maison de mon ami, les uns attirés par l'intérêt généreux que leur inspiroit ma personne, un plus grand nombre par le besoin de satisfaire leur avide curiosité.

FIN.

Je place à la suite de ce volume les figures des girafes mâle et femelle; je n'ai cependant rencontré ces animaux qu'à mon second voyage; c'est donc une anticipation qui peut paroître irrégulière, mais à laquelle je suis en quelque façon contraint par des sollicitations et des instances que je dois regarder comme des ordres.

J'ajoute, par supplément et pour l'explication de ces deux planches, un apperçu rapide sur les animaux qu'elles représentent, réservant des détails plus essentiels et plus suivis pour l'endroit où naturellement ils doivent trouver leurs places.

On a tant et si diversement parlé de la girafe, que, malgré les dissertations élégantes et scientifiques sur ce sujet, on n'a pas, jusqu'à présent, une idée nette et précise de sa configuration, moins encore de ses mœurs, de ses goûts, de son caractère et de son organisation.

Si, parmi les quadrupèdes connus, la préséance devoit s'accorder à la hauteur, sans difficulté la girafe se verroit au premier rang. Le mâle, que je conserve dans mon cabinet, et dont on voit la figure *planche XX*, avoit, lorsque je le mesurai après l'avoir abattu, seize pieds quatre pouces, depuis le sabot jusqu'à l'extrémité de ses cornes ou de son bois : je me sers de ces deux expressions uniquement pour me faire entendre; car toutes deux sont également impropres. La girafe n'a ni bois ni cornes; mais, entre ses deux oreilles, à l'extrémité supérieure de la tête, s'élèvent perpendiculairement et parallèlement deux parties du crâne qui, sans aucune solution de continuité, s'alongent de huit à neuf pouces, se terminent par un arrondissement convexe et bordé d'un rang de poils droits et fermes qui le dépassent de plusieurs lignes.

La femelle est généralement plus basse que le mâle; celle représentée dans la planche suivante, n'avoit que treize pieds dix pouces : ses dents incisives, presque toutes usées, prouvoient incontestablement qu'elle avoit acquis sa plus grande hauteur.

En conséquence du nombre de ces animaux que j'ai eu l'occasion de voir et de ceux que j'ai tués, je puis établir comme une règle certaine, que les mâles ont ordinairement quinze à seize pieds de hauteur, et les femelles treize à quatorze.

GIRAFE FEMELLE. *Tom. 2. Pag. 399.*

GIRAFE FEMELLE. *Tom. 2. Pag. 399.*

N.° 20.

Quiconque jugeroit de la force et de la grosseur de cet animal, d'après ces dimensions données, se tromperoit étrangement; on peut presque dire qu'il n'a qu'un cou et des jambes. Effectivement l'œil habitué aux formes replètes et alongées des quadrupèdes de l'Europe, ne voit point de proportion entre une hauteur de seize pieds et une longueur de sept, prise depuis la queue jusqu'à la poitrine; une autre difformité, si cependant c'en est une, fait contraster entr'elles la partie antérieure et la postérieure: la première est d'une épaisseur considérable vers les épaules; mais l'arrière-train est si grêle, si peu fourni, que l'un et l'autre ne paroissent point faits pour aller ensemble.

Les Naturalistes et les Voyageurs, en parlant de la girafe, s'accordent tous pour ne donner aux jambes de derrière que moitié de la longueur de celles de devant; mais, de bonne-foi, ont-ils vu l'animal? ou, s'ils l'ont vu, l'ont-ils attentivement considéré?

Un auteur italien, qui certes ne l'avoit jamais vu, l'a fait graver à Venise dans un ouvrage intitulé : *Descrizioni degli Animali*, 1771. Cette figure est exactement calquée sur tout ce qui en a été publié; mais cette exactitude même la rend si ridicule, qu'il faut la regarder, de la part de l'auteur italien, comme une critique mordante de toutes les descriptions qui ont paru et se sont répétées jusqu'aujourd'hui.

Parmi les anciennes (1), la plus exacte que je connoisse est celle de Gilius. Il dit positivement que la *girafe a les quatre jambes de la même longueur*; mais que *les cuisses de devant sont si longues en comparaison de celles de derrière, que le dos de l'animal paroît être incliné comme un toit.* Si, par les *cuisses de devant*, Gilius entend l'omoplate, son assertion est juste, et je suis d'accord avec lui.

Il n'en est pas de même sur ce que nous lisons dans *Héliodore*. Si nous voulons bien croire que ce soit de la girafe qu'il a parlé, lorsqu'il ne donne à la tête de cet animal que le double de la grosseur de celle de l'autruche, il faudra conclure que les choses ont bien changé depuis, et que, dans ce laps de

(1) Parmi les modernes, la gravure la plus fidelle est sans contredit celle qu'en a fait faire le docteur Allaman, d'après les dessins que lui a fournis le colonel Gordon.

temps, la nature a fait souffrir de grandes variations à l'une ou l'autre de ces deux espèces.

Les cornes étant adhérentes et faisant partie du crâne, comme je l'ai dit, ne peuvent jamais tomber; elles ne sont point solides comme le bois du cerf, ni d'une matière analogue à la corne du bœuf; moins encore sont-elles composées de poils réunis, comme le suppose Buffon ; c'est simplement une substance osseuse, calcaire et divisée par une infinité de pores, comme le sont tous les os ; elles sont recouvertes, dans toute leur longueur, d'un poil court et rude qui ne ressemble en rien au duvet velouté du refait des chevreuils ou des cerfs.

Les dessins de cet animal, placés dans les ouvrages de MM. de Buffon et Vosmar, sont généralement défectueux ; on a fait aboutir les cornes en pointe, ce qui est contraire à la vérité. Au lieu de n'amener la crinière que jusques sur les épaules, on l'a prolongée jusqu'à la naissance de la queue ; infidélité qui, jointe à nombre d'autres, dégrade et rend nulles pour la science ces représentations trompeuses et mal-à-propos consacrées par la réputation des auteurs qui les avouent.

Les girafes mâle et femelle sont tachetées également : cependant, abstraction faite de l'inégalité de leurs tailles, on les distingue très-bien et de fort loin l'un de l'autre ; le mâle, sur un fond gris-blanc, a de grandes taches d'un brun obscur presque noir ; et, sur un fond semblable, les taches de la femelle sont d'une couleur beaucoup moins foncée ; ce qui ne les rend pas aussi tranchantes. Les jeunes mâles ont d'abord leurs taches d'un roux très-clair, et prennent ensuite la couleur de leurs mères ; mais leurs taches se rembrunissent à mesure qu'ils avancent en âge et qu'ils prennent de l'accroissement.

Ces quadrupèdes se nourrissent de feuilles d'arbres, et par préférence de celle d'un mimosa particulier au canton qu'ils habitent. Les herbages des prairies font aussi partie de leurs alimens, sans qu'il leur soit nécessaire de s'agenouiller pour brouter ou pour boire, comme on l'a cru mal-à-propos : ils se couchent souvent, soit pour ruminer, soit pour dormir ; ce qui leur occasionne une callosité considérable au sternum, et fait que leurs genoux sont toujours couronnés.

Si la nature avoit doué la girafe d'un caractère irascible, celle-ci auroit certainement à s'en plaindre ; car ses moyens pour l'attaque ou pour la défense se réduisent à peu de chose : mais elle est d'un caractère paisible et craintif ; elle fuit le danger, et s'éloigne fort vîte en trottant. Un bon cheval la joint difficilement à la course.

On a dit qu'elle n'avoit pas la force de se défendre ; cependant je sais, à n'en pas douter, que, par ses ruades, elle lasse, décourage et peut écarter le lion. Je n'ai jamais vu qu'en aucune occasion elle fît usage de ses cornes : on pourroit les regarder comme inutiles, s'il étoit possible de douter de la sagesse et des précautions que la nature sait employer, et dont elle ne nous laisse pas toujours appercevoir les motifs.

J'ai pensé qu'il étoit essentiel d'accompagner ces deux figures, que je livre à l'empressement des personnes qui me les ont demandées, d'une légère description qui pût d'avance en faciliter l'examen ; mais on sentira bien que je n'ai pas tout dit sur cet animal extraordinaire.

TABLE DES CHAPITRES.

TOME I.

TOME II.

ERRATA POUR LE TOME PREMIER.

Page 18, ligne 12, Galio, *lisez* Galioon.

Page 109, ligne 2, bonte-boch, *lisez* bonte-bock.

Page 167, ligne 21, Duywowhock, *lisez* Duywenhock.

Page 274, ligne 15, Zantt-Pan, *lisez* Zautt-Pan.

www.ingramcontent.com/pod-product-compliance
Lightning Source LLC
Chambersburg PA
CBHW060540220326
41599CB00022B/3556

9782019920203